De Brevitate Vitae

如何过好这短暂的一生

[古罗马] 塞涅卡 著

刘勇军 译

Seneca

万卷出版有限责任公司
VOLUMES PUBLISHING COMPANY

导读

　　吕齐乌斯·安涅·塞涅卡是古罗马政治家、晚期斯多葛学派哲学家、悲剧作家、雄辩家。他出生在古罗马的一个骑士家庭，家中十分富有。他在三个孩子中排行第二，父亲做官，大哥也入朝为官，官拜阿开亚行省总督，弟弟的儿子是罗马著名诗人卢卡。塞涅卡本人也从政数年，经历了四位罗马皇帝。可以说，他的一生与政治密不可分，他在政坛起起伏伏，一身荣耀和财富来源于政治，最后也死于政治。由于受到卢卡谋刺尼禄事件的牵连，多疑的尼禄逼迫他承认参与谋杀，赐他自尽。

塞涅卡多年在宦海沉浮，遭遇过流放，数度与死神擦肩而过。他出身高贵，本身又学富五车，在35岁之龄便加入元老院，成为元老院议员。他担任过很多职务，包括帝国会计官，后又任掌管司法事务的执政官，还做过尼禄的家庭教师与顾问。他初入政坛时，在位的是罗马帝国的第二位皇帝提比略。此后，他又经历了第三到第五位皇帝，分别是卡里古拉、克劳狄乌斯和尼禄。

43岁时，塞涅卡在元老院做过一次精彩的演讲，当时的皇帝卡里古拉嫉贤妒能，觉得塞涅卡的声望盖过了自己，便要将他处死。好在塞涅卡患上了肺结核，皇帝以为他活不长，便放了他一马。

到了克劳狄乌斯继位的时候，塞涅卡更是九

死一生。克劳狄乌斯认为塞涅卡与卡里古拉的妹妹有染，判处他死刑，最后改为流放，还夺走了他一半的财产。就这样，45 岁的塞涅卡被流放到科西嘉岛八年。不幸的是，在他动身前，他唯一的儿子夭折了。他的命运在公元 49 年出现了转机。克劳狄乌斯的新皇后、卡里古拉的妹妹阿格丽皮纳说服克劳狄乌斯召回塞涅卡，并任命这位著名的文豪担任儿子尼禄的老师。

在尼禄少时，罗马帝国实际上是掌控在塞涅卡手里的。他爬上了权力的巅峰，成为执政官，这是在罗马人们所能担任的最高政治职位。在官场多年，塞涅卡积累了万贯家财。身为顾问和元老，塞涅卡小心翼翼地辅佐这位新皇帝，而尼禄在掌权后却成了一个暴君，死在他手里的人不计其数，其中就包括他的老师塞涅卡。塞涅卡在公元 62 年向尼禄请辞，但是尼禄并未准许。两年后他再次提出归隐的请求，这一次尼禄同意了。但尼禄不仅收回了塞涅卡的官职，还褫夺了他在任职期间得到的大部分财产。后来，塞涅卡的侄子卢卡谋刺尼禄未遂，猜疑心很重的尼禄也怀疑起了塞涅卡，便赐他一死。69岁时，权倾朝野的塞涅卡被逼服毒，结束了自己跌宕曲折的一生。

在政治上，塞涅卡登上过权力的顶峰，地位可谓一人之下万人之上；在财富上，他拥有不菲的身家；他的人生经历更是高潮迭起，几度徘徊在生死的边缘。丰富的人生经历帮助塞涅卡构建了自己完整的哲学思想。

塞涅卡从小便到罗马接受拉丁语与修辞学等方面的教育，后从学于折中主义的斯多葛学派哲学家。因此，塞涅卡对哲学极为推崇。他断言："唯一享受真正闲暇的人，是那些腾出时间从事哲学研究的人。只有他们才是真正活着的。"

常年的学习使塞涅卡拥有了丰富的学识。塞涅卡不光是个成功的政治家，还是个多产的作家。他一生著作颇丰，创作了多篇有关斯多葛哲学的随笔，他的书信集涉及道德、伦理、哲学等多个主题，他的思想对后世产生了不可磨灭的影响。此外，他还创作了多部戏剧，通常是描绘情节生动的暴力事件。

塞涅卡是罗马帝国时期最重要的斯多葛学派哲学家之一，他继承了斯多葛学派的基本思想，认为理性是人类独有的特质，应该通过自我控制和理性思考来达成目标。

斯多葛学派是古希腊四大哲学学派之一，也是古希腊流行时间最长的哲学学派之一。塞涅卡是斯多葛学派晚期的代表人物。斯多葛主义以一种伦理学的方式初步表达了个人主义的观念，即独立的个人是自足的、完美的和可行的。虽然它还不是现代意义上的个人主义，却为现代个人主义奠定了一定的基础。

在塞涅卡的著作中，理性思考确实贯穿始终。他对古罗马帝国的政治和社会结构有着深刻的洞察，对当时人们的野心和恐惧有着深入的了解。塞涅卡对生活充满真知灼见，他关于时间和生命的见解入木三分。从他的作品中，可以学到如何充分利用时间，过有意义的人生。

塞涅卡一生从未离开过政坛，故在著作中对因"琐事"过多而浪费时间的人进行了批评。此外，他还对古罗马当时实行的"庇护人制度"不屑一顾，他本人就不堪其扰，认为这是在浪费时间。而在塞涅卡看来，时间是我们最有价值的财产，绝不应该浪费一分一秒。

塞涅卡提倡简朴的生活和内心的宁静，称：

"你对万物怀有恐惧，与凡人无异。你对万物心生欲望，又如同不朽之人。"对于如何充分利用时间的问题，塞涅卡坚决反对毫无意义的忙碌，称有些人"把白天浪费在等待黑夜上，把夜晚浪费在害怕白昼上"。他在文章中批评了人类令人不齿的缺点，比如虚荣、贪婪、追求奢侈、野心勃勃。他提到有的人甚至不清楚自己有没有"坐好"。于是他提出了疑问：这样的人连自己的身体姿势都不清楚，又怎么确定自己是否还活着？这些人以生命为代价来装点生活。他们寄希望于长远的未来，但拖延是对生命最大的浪费。他们没有固定的目标，一会儿追求一个计划，一会儿又换了另一个计划。他们放弃曾经追求的，再次追求已经被放弃的，被欲望摆布，被悔恨啃噬。

寸金难买寸光阴，浪费掉的时间花多少钱都

买不回来。塞涅卡抨击了有些人虚度光阴的行为。他在文章中称，人们为了琐事浪费人生中大把的时光，为了工资和救济争破头，却不把时间当回事，仿佛时间是一件商品，随时可以在商店里买到。可到了死亡迫近的时候，他们才会追悔莫及，后悔没有把握好时间，可惜为时已晚。

塞涅卡把时间分为过去、现在、未来三个阶段。过去已成定局，当下转瞬即逝，未来则充满了变数。塞涅卡在文中表达了自己对时间这三个阶段的态度，而他最为偏爱的就是过去。他认为琐事太多的人不愿回首过去，毕竟回忆自己荒废的时光不是什么愉快的事。

游弋于人生的各个阶段，是平和稳定心态的标志。投身过去，便可与苏格拉底争论，与卡尼阿德一起质疑，与伊壁鸠鲁和睦相处，与斯多葛学派一起克服人性，与犬儒派一起超越人性。塞涅卡提倡离开眼下这短暂的时间，全身心地投入广阔而永恒的过去，与更优秀的人为伴。

我们一生的时光只不过是一瞬，甚至比一瞬还要短暂。只有把时间花在真正的追求上，当人生的终点到来时，才能毫不犹豫地迈着自信的步伐走向死亡。而对塞涅卡而言，道德哲学的最大目标就是为死亡做好准备。

塞涅卡称，至善就是顺应自然规律生活。一个人必须对自己的同胞有所助益，如果可以的话，使多数人受益；如果不行，则使少数人受益；如果少数人也不行，那便使最亲近的人受益；而如果这样也做不到的话，那至少使自己受益。塞涅卡的话使我们明白了珍惜时间、做有意义之事的重要性。

不要困顿于浅薄的琐事之中，从中超脱出来，才能找到人生的真谛，悟出人生的价值。只有这样，我们才能挖掘出自身更为优秀的品质，让自己变得更深刻、更睿智，进而实现具有丰富意义的人生。

目录

论生命之短暂

　　波利努斯[1]，大多数人都抱怨自然心眼坏。他们有很多理由，比如人类寿数短暂，而赋予我们的时光又如白驹过隙，眨眼间便消失不见。除了少数的例外，大多数人才刚准备好去生活，就遭到了生活的抛弃。并非只有凡夫俗子和不知思虑为何物的普通大众会为了这一普遍存在的厄运而伤怀，就连出类拔萃的人物也会因此发出慷慨激

1　大部分人认为，这封信是塞涅卡写给岳父庞培·波利努斯的。在塞涅卡写这封信之时，波利努斯 50 多岁或 60 岁出头，正担任罗马的粮食供应官，也可能刚刚被撤职。——原书注

昂的哀叹。因此，人们才会听到那位最伟大的医生[1]所说的箴言名句："生命短暂，而艺术长存。"还有亚里士多德，每每不赞同大自然的规律，他就会颠覆哲学家的形象，大发怨言："她对动物太大方了，让它们的寿命竟可绵延百年千年。却让人类早早地走到终点。而人生而为人，是要努力做出一番成就的。"

事实上，人类的寿命并不短，只是我们浪费了太多的时间而已。自然慷慨赐予我们的生命足够长，只要运用得当，一定可以斩获伟大的成就。然而，假使我们只顾着寻欢作乐，没有注意到时光飞速流逝，假使我们没有把握好时间去做有益的事，那么，随着最终那个不可避免的结局迫近，我们方才意识到，生命已在

1　指希波克拉底，公元前 5 世纪希腊的医生兼作家。——原书注

不知不觉中悄然流逝了。确实如此,自然赋予我们的寿命并不短暂,人生之所以显得短暂,都是我们自己一手造成的。人的寿命并非转瞬即逝,只是我们虚度了光阴。正如可以敌国的财富落入奢靡之人的手中,眨眼间就会被挥霍一空。可若是有人妥善保管,运用得当,财富就会越积越多。我们的生命也是一样,对于善加利用的人绝对足够。

为什么要对自然怨声载道?她明明心地善良。你若知道如何充分利用,人生就足够长。但是,有的人贪得无厌,把时间握在手里却不加利用;有的人劳心劳力,辛苦耕耘,却只是在做无用功;有的人沉溺于杯中之物;有的人无所事事,变得迟钝懒散;有的人野心勃勃,总是把外人的评价看得过重,弄得自己筋疲力尽;有的人不肯安分,非要翻山过海做生意,盼着能发大财；有的人醉心于行军打仗，不是一心只想伤害别人，就是担心别人伤害自己；有的人在权贵面前溜须拍马，忙前忙后，却得不到一点儿回报，还自愿为奴为仆。还有很多人没有固定的目标，不肯安分下来，反复无常，不知足却又浅薄，于是他们一会儿定了这个计划，一会儿又定了那个计划；还有一些人，不管是什么样的目标，都不能叫他们满足，就在他们无精打采地打着哈欠之际，已然来到了人生的终点。这一切都向我证实了那位最伟大的诗人[1]以神谕的方式所说的箴言正确无比："人生中真正有意义的时光不过是一时半晌。"至于其余的时间，都算不上真正的人生，只是寻常的时间而已。

---

[1] 人们普遍认为这句引语是一句诗，但它不合格律，也不是出自维吉尔或荷马之手，塞涅卡在其他作品里称这二位是"最伟大的"诗人。——原书注

我们有很多不良的习惯，它们带来的压迫无处不在。有它们处处设置障碍，人就不能抬起眼睛去发现真相。它们只会按下我们的头，让我们的眼中只看得到欲望。人们永远都不会被允许重拾自我。即便偶然得享片刻的宁静，人也如同在汪洋深海，纵使狂风早已平息，海面上也依然翻腾着汹涌巨浪，他们照样辗转难安，永远无法从欲海中解脱出来。你是不是觉得，我所说的是那些身上有着无可否认的缺点的人？但也看看那些受命运垂青、受世人追捧的人吧[1]，吸引了那么多的人对他们趋之若鹜，他们成功了，却也因此深受束缚。有多少人觉得财富是负担？有多少人雄

---

1 此处和本文多处所指都是罗马的庇护制度。塞涅卡对此很看不惯。根据这种制度，受庇护人每天都去富人或有权有势的赞助人那里寻求帮助。就像塞涅卡本人一样，庇护人深受被庇护人之扰，不得不投入大量的时间去解决别人的问题。——原书注

辩滔滔，每天花心思展示自己的才能，就这样耗干了心血？有多少人没完没了地追求享乐，弄得形容苍白？有多少人被大群受庇护者团团包围，弄得失去了自由？看看他们，从最底层的贫民到最高层的贵胄，看看他们所有人吧。这个要请律师，那个接下了案子，第三个站在被告席上，第四个做辩护，第五个当法官，但没有一个人提起诉讼去自我救赎，每个人都是为了别人而耗费心神。

去问问那些大家都在谈论的人吧。你会看到他们之间有很大的区别：第一个想巴结第二个，第二个想讨好第三个，但没有人迎合自己。再想想有些人，虽然有些疯狂，但他们还是怒不可遏，埋怨大人物傲慢无礼——他们想见大人物，大人物却没有拨冗相见。一个人若不能为自己腾出时间，又怎么敢抱怨别人傲慢？但大人物偶尔会屈尊注意你（不管你是谁），哪怕脸上浮现出高傲的表情。他们侧耳听你讲述心声，允许你出现在他们的面前。你却认为不值得花时间好好看看自己，也不肯倾听自己的心里话。如此一来，你就无权要求别人回馈你的付出，因为你这么做并不是想陪伴别人，而是无法与自己独处。

尽管所有聪明的人都同意这一点，但他们仍然对人类思想产生的迷惘与困惑感到惊讶不已。没有人会容许自己的土地被人夺走，即使只是为了土地的界线发生一点点纠纷，人们也会操起石头，抢起武器。然而，他们居然允许其他人侵入自己的生活，甚至还会主动找人来瓜分他们的大把时间。你会发现没人自愿把钱分给别人，但每个人都把自己的人生分享给了其他人！人们在保护财产方面很吝啬，但对于本该斤斤计较的时间，却挥霍无度。

让我们从一众老人中找出一位，对他说：
"看得出来，你已经走到了人生的最后阶段，有
100岁了吧，甚至是100多岁了。那么，现在来回
顾一下你的人生吧。来清算一下，你花了多少时
间讨好债主，花了多少时间和情妇调情，花了多
少时间攀附权贵，又花了多少时间应付受庇护人；
花了多少时间和妻子争吵，斥责奴隶，又花了多
少时间在城中往来，去办必须要办的公务，花了
多少时间养病，花了多少时间无所事事。如此计
算下来，你的人生岁月与你最初的计算并不相符。

　　"在记忆中搜索一下，你花费多少时间坚定
决心，有多少日子完成了计划！有多少时间能做
到完全冷静自持，有多少时间脸上带着自然的表
情，又有多少时间心中没有恐惧。想想你在漫长
的一生中都完成了哪些成就。有多少人占据了你
大把的光阴，而你却没有注意到自己失去了什

么。无谓的悲伤，愚蠢的得意，贪婪的欲望，谄媚的交际，在这些方面，你浪费了多少时间。你依然能握在手里的时间是多么少。这个时候，你就会明白，你的死亡来得太快了。"

怎么解释其中的原因？你把生活过得好像你可以长生不老，一点儿也没有考虑到生而为人其实很脆弱。你没有留意到多少时光已悄然飞逝，挥霍起来，仿佛商店里堆满了时间，只等你去买。而你花在某人或某事上的那一天，很可能就是你人生中的最后一天。你对万物怀有恐惧，与凡人无异。你对万物心生欲望，又如同不朽之人。经常可以听到有人说："到了50岁，我就退休，悠闲地过日子；到了60岁，我就再也不理会公务了。"你又凭什么肯定自己能活那么久呢？你凭什么以为事情会按照你的计划进行？到了风烛残年，生命才属于自己，只把不能用来处理公务的那部分时间拿来进行更为高尚的思考，你不感到羞耻吗？在人生所剩无几的时候才开始生活，就太迟了！无视死亡，把合理的追求推迟到五六十岁，想在很少有人能达到的年纪才开始生活，这是多么愚蠢啊！

你会注意到，即使是最有权势的人，虽然已经爬到高位，也会暗示自己渴望休息，赞美休息，认为休息比所有其他优先事项都更为重要。他们经常盼着能平安无虞地从高台上下来，毕竟即使没有外力干扰或动摇，好运气自己也会轰然崩溃。

奥古斯都被世人奉为神明，而众神给予他的比任何人都多，他则一直在祈祷，盼着能得到休息，从繁忙的公务中得到喘息之机。他无论说什么，最终都会绕到对休息的渴望上。他安慰自己总有一天可以为自己而活，这样的慰藉虽然难以成真，却叫人心情舒爽，缓解了他的辛劳。我在他寄给元老院的一封信[1]中发现了这样的话，他声称休息将无损于他的尊严，也不会与他迄今为止所取得的诸多荣誉相冲突："但对于这种事，光是期待不行，还要去做，执行的过程更令人印象深刻。无论如何，我对那段美好时光怀着深深的期盼，即便一时半会儿还不能实现，那我就讲一讲，也能提前高兴高兴。"如此看来，得享闲暇确实是一件美好的事，虽然一时不能实现，光是想想却也能叫人身心愉悦。一个自视为天地万物主宰的人，一个能决定他人和国家命运的人，居然也会怀着极大的喜悦，盼着有朝一日能抛开滔天的权势。他早已明了，每一片土地对他的朝拜，使他付出了多少汗水，背后隐藏着多少不足

1　罗马皇帝经常与元老院通信。塞涅卡得到奥古斯都亲笔书信的副本并非不可能，但更有可能的是下面这段引言是他编造的。——原书注

为外人道的忧虑。他被迫发动战争，同胞、同僚
还有姻亲，都成了他在战场上的对手，鲜血染红
了陆地和汪洋。他被迫率军攻打马其顿、西西里
岛、埃及、叙利亚、小亚细亚和几乎每一片海
岸。他的军队腻烦了屠戮罗马，他便率军征战异
域。当他征服了阿尔卑斯山脉和盘踞在帝国内部
的敌人，当他把我们的疆界推过多瑙河、莱茵河
和幼发拉底河，在罗马这里，穆里纳、卡庇奥、
雷必达[1]、埃格内修斯和其他一些人都磨刀铸剑，
要将他推翻。这些阴谋尚未瓦解，他的女儿和许
多出身高贵的年轻人就像发了神圣誓言一样一起
鬼混通奸，还有伊卢斯，以及另一个和安东尼在

1　此处所提到的雷必达不是指三执政官之一，而是指奥古斯都
　　的儿子。——原书注

一起便令人胆寒¹的女人，给他本就一波三折的人生添了许多恐慌。他斩断了自己的手足，满以为能清除毒疮，但新的毒疮又长了出来。就好像人的身体里有太多的血，那血总会从一个地方流出来。因此，他渴望解脱，渴望得到平静。他盼望着那美好的时光，时不时想一想，便能在辛劳中得到慰藉。他能实现别人的梦想，而他的梦想便是休息。

马库斯·西塞罗要面对喀提林、克洛狄乌斯、庞培和克拉苏等人的一再发难，他们中有些是公开的敌人，还有一些虽然曾是朋友，却背信

1　奥古斯都的女儿茱莉亚在罗马以淫荡出名，并于公元前 2 年被流放。伊卢斯这个名字，如果正确的话（由修订文本所示），指的是马克·安东尼的一个儿子，他因与茱莉亚通奸而被处决。因此，塞涅卡称他为"安东尼"，并含蓄地将茱莉亚与克利奥帕特拉做比较，暗示伊卢斯和茱莉亚之间的关系令罗马岌岌可危。——原书注

弃义。他和国家一起经历惊涛骇浪，几经波折，力保国家不至于被狂潮吞没，但最终，他还是被风浪卷走了[1]。国泰民安时期，他没有享受到平静，到了战乱四起的时候，他也不能忍耐。他有多少次诅咒他曾经赞不绝口的执政官制度（他赞美是有理由的）！当老庞培战败，小庞培还在西班牙恢复元气之际，在给阿迪克斯的一封信中，他用了多少凄惨的字眼！"你会问，我在这里干什么？"他写道，"我被软禁在了我在图斯库卢姆的庄园里。"他还提到了其他一些想法，哀叹过去，抱怨现在，并且对未来的生活感到绝望。西塞罗称自己"遭到了软禁"，但我发誓，圣贤

1　西塞罗在公元前 63 年担任执政官，挫败了喀提林发动的政变。两年后，作为律师，他起诉了另一个政敌克洛狄乌斯·普尔喀。在接下来的几年里，在由庞培、克拉苏和盖乌斯·尤利乌斯·恺撒组成的第一次三人执政的领导下，他的道路更是布满了荆棘。——原书注

永远不会如此自轻自贱，事实上他也绝对不可能遭到"软禁"，反而可以一直享受完全且纯粹的自由，不受任何约束，能主宰自己，还能凌驾于一切之上。

利维乌斯·德鲁苏斯[1]是一个敏锐而勤奋的人。有一次，他提出了激进的立法[2]，激起了格拉古时代的弊病，吸引了意大利各地的人支持他。只是他提出的举措不会有好结果，不但不能实现，而且一旦开始实施就不能半途而废。他还诅咒自己从一开始就在过的忙碌生活，据说他说过这样的话："只有我一个人从来没有休息过一天，从小就是这样。"在他还年少、尚未长成可以穿

---

1 公元前 90 年左右活跃于罗马政坛的人物，在那个年代末期遭遇暗杀。只有塞涅卡认为他可能是自杀。——原书注
2 和之前的格拉古兄弟一样，德鲁苏斯提出了将土地重新分配给罗马贫困阶层的措施。——原书注

宽外袍的大人的时候，他就有勇气在法官面前为被告辩护，并在法庭上施加了有效的影响，战胜了不利条件，赢得了一些案件。他年纪虽小，却野心勃勃，什么事都干得出来。但你可能已经知道，心智不成熟却胆大包天，无论是对个人还是公众，都会造成巨大的伤害。他从少年时代起就好斗，在公共集会场所里惹是生非。他抱怨说他从来没有休息过一天，但这抱怨来得太晚了。关于他是不是自尽而亡，还存在着争议。他在腹股沟受伤后突然倒地不起，有人怀疑他是自杀，但没有人认为他该死。

没有必要继续举类似的例子了，这些人虽然看起来比别人快乐，却对自己生活里所做的每件事都表现出了蔑视。此外，他们的抱怨既没有改变别人，也没有改变自己，因为话一出口，情绪就恢复如初了。

确实，你们所有人的生命即使能持续一千多年，也会缩短为一小段时间。恶习将吞噬每一个世纪。确实，你从理性上认为可以延长的时间，其实还是会自然而然地匆匆溜走，也一定会飞速流逝。你没有抓住时间，没有留住时间，也没能在这个速度最快的东西溜走的路径上拖延一下，你只是任由时间流走，好像它毫无价值，或者很容易补足。

　　在我看来，最大的恶习莫过于什么也不做，所有的时间都沉溺于杯中物和温柔乡里，没有比这种人更可耻的了。还有些人被海市蜃楼般毫无意义的荣耀吸引，他们虽然误入歧途，倒也还算体面。还有些人贪婪、愤怒，无缘无故地心怀仇恨或发动战争，他们即便有罪，也算得上精力旺盛。而那些放纵私欲或饮食无度的人，则是可耻之徒。仔细观察一下这些人是如何挥霍时间的：

他们花了多长时间计算自己的收获，琢磨着怎么设阴谋陷害别人，或者在恐惧中畏缩；他们花了多长时间谄媚别人，或者接受别人的谄媚；他们花了多长时间去想自己或他们所起诉之人的庭审日期；他们在晚宴上花了多长时间，而晚宴也变成了处理公事的场合。把所有这一切都考虑进去，你就会明白他们没有留下一点儿时间去做自己的事，无论那是好事还是坏事。

总而言之，人们一致认为，一个人如果不能集中精神，就不可能把任何学科研究好——无论是演讲术还是文科。脑海里充斥着各种琐事，对任何事都无法深入探究，只会把它们当成被强加的对象加以排斥。这些三心二意的人，自然无法好好生活，在他们看来，没有什么比生活更难理解的了。有很多人可以教授其他技巧，这样的人很容易便能找到。的确，有些技巧甚至连孩童都学得很好，都可以教别人。但是，对于如何生活这件事，必须用一生的时间来学习。而让你更为惊奇的是，如何走向死亡，也必须用一生的时间来学习。有许多伟大的人物，随着一切障碍都消失，他们放弃了财富和责任，也不再追求享乐，便只会追求唯一的目标，那就是一直学习如何生活，直到暮年。然而，在走到人生终点之际，他们大都会承认自己并没有弄清楚该怎么生活。至于那些不那么伟大的人，就更弄不明白了。

相信我，一个人之所以能成为伟人，之所以不像普通人那样容易犯错，标志就在于他们不会让时间白白溜走。他们的生命能长久，原因在于他们把任何可自由支配的时间都用在了自己身上，没有一分一秒闲待着，没有一分一秒碌碌无为，没有一分一秒受别人掌控。最精打细算的时间管理者发现，没有什么东西值得付出时间去换取，因此，时间于他们而言足够多。而那些在生活中只顾着忙公事的人则总觉得时间不够用。我们有理由认为他们有时也明白自己身上的诅咒。许多被荣华富贵压得喘不过气来的人，在一群受庇护人之间，在使用法律策略之际，在进行其他"体面"却又折磨人的事情之际，可以听到他们大喊"我活不下去了！"。显然确实如此！因为那些向你寻求帮助的人，都是在让你远离自己。被告人从你那里偷了多少天？那个竞选公职的候选人呢？那个老妇呢？她埋葬了自己的继承人，因而疲惫不堪¹。还有那个人，他假装生病，搅得觊觎遗产之人心生贪婪。还有那些傲慢自大的

1　此处提到的老妇显然很富有，她没有近亲（继承人已被埋葬），于是有很多人为了遗产找上了她，这种人专找没有继承人的富人，希望能得到富人的收养。同样的问题也困扰着下一个例子中的人，他假装生病，可能是因为很享受那些觊觎遗产之人的关注。——原书注

"朋友"，他们的目的不是与你结交，而是借你的势力耍威风。盘点一下你的人生，把符合前面这些情况的日子都勾掉，你会发现，完全属于你的日子很少，而且是毫无用处的。

有人获得了梦寐以求的权力，却又想要丢弃不要，有个问题马上就冒了出来："我的任期什么时候结束？"第二个人觉得举办比赛是很有价值的事，可举办之后，他又说："什么时候才能脱身？"还有一个人，身为辩护律师，被整个法庭奉为偶像，慕名而来的人挤满了大厅，以至于没有人能听到他的声音。他却说："我什么时候能休假？"我们所有人都在匆匆推进各自的生活，劳碌奔波，由于对当下失望，便向往未来。

但是，有些人只安排时间为自己所用，把每一天都安排得像整个人生都浓缩在了这一天。他们既不渴望明天，也不惧怕明天。时光流逝又能增添什么新的乐趣呢？一切都是已知的，他也都尽兴了。就让命运按照喜好来安排他的未来吧，他早已享受过了完满的人生。他的人生还可以增加，却不会以任何方式减少，就好像一个人已经饱了，不想再吃，但肚子里还可以再容纳一点儿食物。

没有理由因为一个人满头华发、满脸皱纹，就认为他长寿。那个人只是存在了很长时间，而不是生活了很长时间。假如一个人才刚驶出港口，就遇到了猛烈的风暴，狂风从四面八方刮来，吹着他的船在同一条航路上绕了一圈又一圈，你会说他有丰富的航行经验吗？他并没有常常航行，只是随波逐流而已。

有的人占用别人的时间，而对方还十分赞同。我时常为这样的情况感到惊奇。双方都在找占用时间的理由，却无人关注时间本身。仿佛什么也没有要求，什么也没有给予。人们用最有价值的东西来玩游戏。他们受了蒙蔽，以为时间是没有实质的东西，肉眼看不到。他们觉得时间是最廉价的商品，事实上，在他们眼里，时间几乎一文不值。人们很看重工资和救济，为了得到它们，他们付出努力，带着极大的热情投入辛劳，但没有人珍惜时间。他们挥霍时间，仿佛时间是免费的一样。你会看到，同样是这些人，一旦死亡的威胁临近，他们就会跪求医生。他们还很害怕死刑，愿意用自己的一切来换取生存的权利。他们的情绪就是这么善变。但是，如果对每个人来说，未来还能活多少年可以像已经活了多少年一样数得清楚，那么看到自己来日无多，他们一定会瑟瑟发抖，谨慎利用时间。但事实上，只要能确定数量，少量的东西打理起来还是很容易的。对于不确定会存续多久的东西，应该更小心地保存才对。

　　没有理由认为这些人意识不到时间是何其宝贵，毕竟他们经常对深爱的人说，准备把自己的一部分年华奉献给他们。他们确实在无意间做出了这样的奉献。但他们虽然剥夺了自身的时间，却没能让别人的时间增多。事实上，他们甚至不清楚是否剥夺了自身的时间，因此便可忍受失去他们没注意到的失去的东西。

　　没有人能使岁月倒流，也没有人能把人生还给你。生命从一开始踏上道路，便会不停地前进，不会重走一遍，也不会停下。它不会因为自己速度太快就弄出动静发出警报，只会悄无声息地一闪而过。即便国王权势滔天，群众交口称赞，他的时间也不会延长。它只会一路向前，就像你人生中的第一天那样，而且永远不会转向，也不会延迟。那结果又将如何？忙碌时，生活匆匆而过，死亡则一直都在那里，不管你喜不喜欢，都得腾出时间来面对。

还有比吹嘘自己有远见的人更愚蠢的吗？他们背负着沉重的负担，忙着过上更好的生活。他们以生命为代价来装点生活。他们寄希望于长远的未来，但拖延是对生命最大的浪费：它剥夺了每一天，偷走了我们面前的东西，只留下虚无的未来。期待是生活的最大障碍，挥霍了今天，只依赖明天。你把掌握在命运手中的东西整理得整整齐齐，却丢掉了自己手中的东西。你在期待什么？你的目标是什么？未来的一切都是不确定的。要活在当下！

听啊！那位最伟大的诗人仿佛受到神谕的启

发，吟诵出了具有教育意义的诗句 [1]：

> 可怜的凡人啊，
>
> 人生中最美好的日子，都是最先流逝的
> 日子。

"你为了什么而耽搁？"他会这么问，"你为
什么不采取行动？要是不抓紧，它就溜掉了！"
就算你紧紧抓住，它还是会逃掉。利用时间之
际，必须能做到和时间一样快速，就好像有一条
湍急的河随时都可能断流，要喝到水就必须眼明
手快。诗人用的字眼是"最美好的日子"而不是
"最美好的一生"，他是在委婉地谴责无休止的拖

1　这句话出自维吉尔的《田园诗》，指的是养牛人不能耽误时
　　间，要把公牛和母牛放在一起，免得它们生病或上了年纪而
　　耽误繁殖。——原书注

延。你浪费了这么多时间，却还是自以为是、消极被动，设定未来数月乃至数年的漫长计划，而贪心的你还觉得这么做很恰当，你为什么要如此？诗人说的是从我们眼前溜走的这一天。毫无疑问，对于"可怜的凡人"，也就是忙碌的凡人来说，"每一个最好的日子都会溜走"。他们在毫无准备和毫不设防的情况下便步入了老年，却因为心态仍然幼稚而承受着重压。他们还没有意识到，就已经陷入其中，其实他们是一天接着一天走到老年的。就好像人在旅途，聊天、阅读或是沉浸在深思当中都能分散注意力，这样一来，他们尚未发现目的地近在眼前，就已经到了。人生的旅程也是如此，无论我们醒着还是睡着，时间都以同样飞快的速度行进，一刻不停，那些太忙而对此无知无觉的人只有到了终点才会有所察觉。

如果我选择把所提出的话题分成几部分单独讨论，就可以找到很多方法来证明对那些琐事太多的人而言，生命是极其短暂的。法比亚努斯[1]不是今天课堂上的思想家，而是古代真正的思想家。他常说，与激情做斗争必须靠猛攻，而不是靠巧妙的推理，必须对敌人的战线发起正面进攻，小打小闹是行不通的。他不赞成诡辩，表示应该粉碎恶习，只触及其皮毛没有用处。尽管如此，这些人的错误想法还是要受到应有的惩罚，必须对他们进行教育，不能放弃他们那迷失的灵魂。

　　我们的人生分为三个时间段：过去、现在和未来。在这三个阶段中，当下的生活是短暂的，

1　帕皮里乌斯·法比亚努斯生活在奥古斯都时期，是一位哲学家，塞涅卡年轻时曾研究过他的著作。——译者注

未来的生活还不确定，过去则已成定局，无从改变。过往是命运无法控制的部分，任何人都无法管辖。但是，琐事太多的人失去的也是这一部分，他们没有时间回顾过去，即使有时间，回忆后悔的事也无法给他们带来快乐。他们并不情愿回忆被自己滥用的时光，不敢再冒险去深究那段时光，毕竟当时的恶习，即使是为了一时欢愉而抵不住诱惑在无意中沾染的，也会在回忆中暴露出来。只有一言一行都通过了自己判断的人，才乐于回首过往。而这种判断的能力是不会欺骗人的。贪得无厌的人、傲慢无礼的人、肆无忌惮的人、背信弃义的人、贪婪偷窃的人、肆意挥霍的人，必然惧怕回忆。然而，过往却非常神圣，超越了人类生命的可能性，脱离了命运主宰的领域。它不会被贫穷、恐惧或疾病扰乱，没有人能将其扰乱或偷走。它永远被牢牢地掌握在我们手中。在当下，日子只能一天一天地过，而在每一天，都是一个时刻一个时刻地过，但是，无论什么时候回忆，往昔的那些日子都会一股脑儿涌现。它们会由着你抓住，并根据你的判断仔细查看，而忙碌的人是没有时间做这件事的。

游弋于人生的各个阶段，是平和稳定心态的标志。但对于琐事太多的人，他们的心态则像是轭下的牛，既不能转身，也不能回头。就这样，他们的生命消失在深渊中，底下没有东西来接住和固定，那么不管投入多少，都只能一无所获。同样，无论有多少时间，如果没有地方安放，还是会从思想的裂缝中溜走。

当下的时间短暂至极，以至于对一些人来说，它似乎并不存在。时间一直在流动，以极快的速度向前奔驰。它尚未抵达就已经不再存在，它没有任何延误，就像宇宙、恒星和行星一样，不知疲倦，从不停留在一个地方。因此，对那些琐事太多的人来说，只有当下的时间才是重要的，毕竟当下如此短暂，无法抓住，就在他们处理各种琐事的时候，他们的时间已经被偷了。

总之，想知道他们的生命有多短吗？看看他们想要多长的寿命就知道了。生病的老人祈祷多活几年，假装自己比实际年龄年轻，用谎言来奉承自己，同时急切地欺骗自己，仿佛在欺骗命运。然而，他们的身体衰弱不堪，提醒他们大限将至，于是他们在面对死亡时心中恐惧杂生。他们不是主动放弃生命，而是被迫放弃的。他们哭着说自己太愚蠢了，没有真正地生活过，只要疾病能痊愈，一定会抛下各种责任。他们想到自己做了那么多事，却无福享受，纯属白费功夫；付出了那么多辛苦，也都是徒劳。

但是，对那些没有那么多琐事的人而言，生

活怎么可能不够充足呢？他们的时间没有浪费在别人身上，没有到处虚度，没有受命运的支配。他们的时间没有因为疏忽、肆意挥霍而浪费。他们所付出的时间全都有回报。因此，纵使生命短暂，也已经足够。所以，当人生的终点到来时，智者会毫不犹豫地迈着自信的步伐走向死亡。

也许你会问，我所说的"琐事太多的人"都是些什么人。不要以为我指的只是那些放出护卫犬才能将其赶出法庭的人，还有一些庇护人，他们为了炫耀而为自己所庇护的人奔走劳碌，还有的瞧不起其他庇护人，便为了其他人所庇护的平民奔走劳碌。他们出于庇护的职责，离开了自己的家，经常出入别人的家，还有的人仰仗着执政官的长矛[1]，希

---

1 国家举办的拍卖会上会插着执政官的长矛。在这种拍卖会上，死刑犯或已被处决之人的物品将以低价出售。塞涅卡对这种从他人的不幸中牟取暴利的行为不屑一顾。——原书注

望得到不光彩的好处，因此很可能身败名裂。

　　还有一些人，他们的闲暇时间都被占去了。在他们乡间的家中，在他们的床上，在独自一人的时候，即使他们已远离一切烦恼，依然会自找麻烦。他们这样的生活算不上闲暇，悠闲只是表面，忙碌才是实情。有一个人精确地整理着科林斯青铜器（这些青铜器的价格被狂热的精英阶层推高），把一天的大部分时间都用来摆弄这些生锈的金属罐，脸上全是焦虑之色，你会说他放松吗？还有一个人，坐在角斗场里，激动地观看着角斗士们对阵（真可耻！我们努力克制的恶习甚至并非起源于罗马！[1]），你觉得他悠闲吗？又或

1　角斗场是个著名的场所，特别是在希腊世界，在这里，年长的男性向年轻男性抛媚眼，经常试图勾引他们。比起罗马，希腊对男同性恋的态度更为宽容，而塞涅卡显然很不赞成这一点。——原书注

者，有个人按照年龄和肤色将身上涂了油的摔跤手们区分开来，并招募年轻人才，你觉得他悠闲吗？

　　还有呢！有人在理发店里浪费了无数个小时，修剪掉头天晚上长出来的毛发，为每根头发做精心养护，把凌乱的头发整理好，把两侧稀疏的头发梳向中间盖住秃顶，你说他们悠闲吗？理发师稍微粗心一点儿，他们就会暴跳如雷，就好像他在给一个真正的人打理头发！要是他们那令人骄傲的浓密头发被剪错了、没有梳整齐，或是没有弄成长卷发，他们就会大发脾气。这些人中有谁宁愿看着共和国乱，也不愿意自己的头发乱？有谁不是更在意把头发打理得漂漂亮亮，至于脑袋里面能不能保持冷静，则不甚在意？他们中有谁不是偏爱优美的发型，对荣耀不屑一顾？要是有人沉迷于对着镜子梳理头发，你会说他们悠闲吗？

那些忙着作曲、听歌或教别人唱歌的人呢？他们把大自然赋予人类的最朴实、最优美的音阶，扭曲成奇奇怪怪、毫无价值的低吟。他们的手指总在敲出节奏，像是在附和着脑海里的旋律。哪怕在处理严肃甚至是重大的事情，也能听到他们在轻轻地唱歌。他们这样并非闲暇，只是毫无意义地忙碌。

还有那些经常举办宴会的人，我可不认为他们所做的是休闲消遣。我看到他们如何焦急地摆放银器，如何小心翼翼地系好上菜仆从的外衣，如何观察厨师有没有把烤野猪做得喷香。他们那面颊光滑的奴隶一听到喇叭声就迅速跑去干活儿，熟练地把家禽切成精致的小块儿。可怜的奴仆们把醉鬼吐出来的东西擦得多么干净啊。如此种种，让他们名声在外，人人都夸他们举止优雅、彬彬有礼。恶习已然深深渗透到他们生活中所有隐秘的角落，以至于不炫耀，他们就吃也吃不香，喝也喝不下。

还有一些人，我也不觉得他们过着闲适的生活，他们坐轿子去各处，每每都能准时出现，好像不坐轿子就是犯了禁忌，必须由别人告诉他们什么时候洗澡、游泳或吃饭。他们的思想过度放纵，从不思考，身体也随之变得懒散不堪，甚至不确定自己的肚子饿不饿。

我甚至听这样一个过度放纵之人说过一句话——如果可以把忘记人类生活和实践称为"放纵"的话。轿夫搀扶着这个人从浴池出来上轿子，他问："我坐好了吗？"一个人都不知道自己有没有坐好，你觉得他会知道自己是否还活着吗？他是否知道自己看见了，是否有闲暇？他是真的不知道，还是只是假装不知道，我不能肯定地说是哪种情况更值得我同情。这样的人对很多事情都浑然不觉，但又装出一副自己只是麻木不仁的样子。一些恶习让他们乐在其中，仿佛这能证明他们很富有。好像只有低贱的人才知道自己在做什么。

哈！想想看滑稽剧演员表演许多虚构的情节来讽刺奢靡的行为。天哪，真实的生活可比他们编出来的情节丰富多了。在这个时代，有这么多令人发指的恶习出现，说明我们在这方面确实别有一番"才能"。如此一来，滑稽剧演员确实该受责备，谁叫他们没有把真实的恶习一一演出来呢？有人的生活骄奢淫逸到了极点，甚至要别人来告诉他自己有没有坐着！这个人并不悠闲，不！必须找一个别的词来形容他。他病了……不，应该说他已经死了。只有那些意识到自己悠闲的人，才是真正拥有闲暇的。然而，这个半死不活的人，竟然需要别人来确认他自己身体的姿势，那他怎么能成为时间的主人呢？

有的人把时间花在了下棋上，有的人打球，还有的人热衷于在阳光下晒自己的身体。要想叙述这些人的生活，是一项艰巨的任务。如果他们的消遣根本谈不上休闲，就不能说他们很清闲。

有些人忙于研究毫无用处的文学，花费了大量的精力却没有取得任何成就，这一点是毋庸置疑的。此时在罗马就有一大群这样的人。过去希腊人有一种恶习：他们常常喜欢问，奥德修斯有多少桨手？是先有《伊利亚特》还是先有《奥德赛》？这两部史诗是不是出自同一个作者？诸如此类的问题还有很多。把这些问题藏在心里，不会增加学识，但如果说给别人听，只会让你显得乏味，而不是博学。但是看呀！如今，对学习无意义事物的空洞热情也席卷了罗马人。就在最近，我听到有人讲述了每位罗马领导人首先取得的成就：杜留斯是第一个赢得海战的人，库里乌斯·登塔图斯是第一个带着大象进行凯旋游行的人。这些事即使算不得真正的荣耀，至少也与公共利益有一定的联系。但这种研究对我们没有好处，只会用空洞但有吸引力的内容转移我们的注意力。

让我们也原谅研究以下问题的人吧，是谁第一个说服罗马人组建海军的——此人是克劳迪亚斯，外号"科德克斯"（Caudex），因为有一种由许多木片组成的结构在过去就被称为科德克斯。因此，公共文件的合集叫科德克斯（codices）。即使在今天，在台伯河上游运送货物的船只依然沿袭古代的用法，被称为科德克里亚（codicariae）。毫无疑问，下面这句话也有一定的道理：瓦莱里乌斯·科维努斯首先征服了西西里岛的梅萨纳，并成为瓦莱里家族第一个以所攻占城市的名字梅萨纳命名的人。但随着用法的流行，这个名字渐渐地变成了梅萨拉。还有一件事你肯定不允许任何人去深究：卢修斯·苏拉第一个把狮子放进竞技场，让它们在里面自由走动。而在其他时候，狮子都是被拴着展示的，北非国王波克斯派人用标枪杀死了狮子。也许这也是情有可原的。但下面这件事肯定没有什么好处：庞培是第一个让人与18头大象在竞技场里对战的人，而这些人甚至没有犯过任何罪行。（庞培是国家的领袖，正如我们从报告中了解到的那样，他在古代领袖中以美德著称，这样一个人居然认为以新颖的方式毁灭人类是不可思议的奇观！"他们会战死？还不够！要把他们撕成碎片？不够！还是看看他们怎么被山一般的巨兽撕碎吧!"最好忘了这样的事,以免以后有权有势的人知道了,也想试试这种灭绝人性的行为。唉!巨大的功绩将我们的头脑置于怎样的迷雾之下啊!庞培认为自己超越了自然秩序,把这么多可怜人扔给来自异域的庞大野兽撕咬,让不同的物种进行战斗,当着罗马人的面制造出血流成河的场景,甚至准备让罗马人流更多的血。然而,后来,正是这个庞培遭到了埃及人的背叛和欺骗,被最下层的亲信结束了性命,他终于明白所谓"大帝"的称号是多么空洞,不过是个吹嘘之词而已。)

但是,我们还是回到正题,说明一些人努力研究这些主题其实都是白费功夫。我之前提到的那个人告诉我们,梅特罗斯在西西里击败迦太基人后,在凯旋的队伍中,让120头圈养大象走在他的战车前,而他是唯一一个这么做的罗马人;

苏拉是最后一个扩展神圣边界的罗马人，按照长期以来的习俗，只有在获得意大利的土地而不是行省的土地时，才会扩展神圣边界。这个人说，知道这一点比知道阿文丁山在神圣边界之外更有益处，原因可能有两个：要么是因为平民选择撤离到那个地方，要么是因为当雷穆斯在观察飞禽的征兆时，那里的鸟显现出了不祥的兆头。除此之外，还有无数的事情，要么充斥着错误，要么就像谎言一样。

即使你承认古生物学家告诉我们这些都是出于善意，即使他们保证所说的都是事实，那么，有谁会因为他们提供了这些信息而减少犯错呢？他们会压制谁的渴望？他们会让谁变得更勇敢、更公正或更慷慨？法比亚努斯曾经说过：比起研究这些领域，什么都不研究是不是更好？

唯一享受真正闲暇的人，是那些腾出时间从

事哲学研究的人。只有他们才是真正活着的。他们不仅关心自己的人生，还把每一个时代都融入自己的人生中。他们出世前的任何一段时间，都被附加在他们的时间里。如果我们不是极度缺乏感恩之心，那些神圣的思想学派最杰出的创始人就是为我们而生的，为我们塑造了真实生活的典范。他们付出努力，引领我们走向更美好的事物，从阴影中走向光明。没有哪个时代将我们拒之门外，我们可以接触到每一个时代。如果我们的胸怀可以变得宽广，便可以超越人性的狭隘和脆弱，那么就可以漫游在长久的时间之中。我们可以与苏格拉底争论，与卡尼阿德一起质疑，与伊壁鸠鲁和睦相处，与斯多葛学派一起克服人性，与犬儒派一起超越人性。既然大自然允许我们接触到所有时间，那为什么不离开眼下这短暂的时间，全身心地投入广阔而永恒的过去，与更优秀的人为伴?

那些人四处奔走[1]，不光给自己徒增烦恼，也给别人带来了麻烦。他们举止癫狂，每天都要挨家挨户转个遍，跨进每一扇敞开的大门，宁愿跑上很远的路程也要向一户户人家送上问候以讨要钱财。在这样一个巨大的城市里，在这样一个被各种各样的欲望割裂的城市里，他们根本见不到几个庇护人! 有多少庇护人因为睡觉、任性妄为，而冷漠地将受庇护人赶走! 有多少庇护人先是拖上很长一段时间，再假装匆忙地从他们身边跑过，用这样的方式搞得受庇护人痛苦不堪! 有多少庇护人会避开挤满受庇护人的中庭，从隐藏通道逃跑，仿佛比起与他们保持距离，欺骗他们并不会更为冷漠! 有多少庇护人还没有从前一天

1　此处指的依然是庇护人制度。——原书注

的宿醉中清醒过来，依然昏昏沉沉，面对着牺牲自己的睡眠去等别人清醒过来的受庇护人，说出对方提醒过一千次的名字，连嘴唇都不怎么动，甚至还一边说一边傲慢地打哈欠！

我们是否觉得这些人把时间花在了真正的追求上？不妨这样说，对那些每天都想与芝诺、毕达哥拉斯、德谟克利特和其他高尚的艺术大师，以及亚里士多德和泰奥弗拉斯托斯交朋友的人来说确实如此。这些人都不会太忙，会让每一个客人高高兴兴地离开，并对自身产生更大的兴趣，他们不会由着来客空手而归。无论白天还是晚上，人们都可以见到他们。

这些人不会强迫你去死，但都会教你如何去

死[1]。他们不会夺走你经历过的年月，相反，他们还会将自身的年岁添加到你的经历之中。没有人会因为你和他交谈而带给你危险，他们与你的友谊不会让你丢掉脑袋。没有人要求你为他付出高昂的代价。你想从他们身上得到什么，就拿什么。如果你没有吸收你所能吸收的一切，那也不能怪他们。将自己置于这些人的庇护之下，是多么幸福，晚年将是多么美好！可以与他们一起讨论大事小情，每天就自己的事向他们讨教，可以从他们身上学到真理且不会受到冒犯，还能以他们为楷模来塑造自身。

我们经常说父母不是我们自己选的，而是命运的安排，但事实上，我们可以出生在我们想要

的任何人的身边。有很多家庭由品格高尚、学识丰富的人组成。选出你想加入的家庭，你不仅可以承袭他们的姓氏，还可以继承他们在物质和道德上的遗赠。不必小气，不必心胸狭窄，也不必把这些遗赠看管起来，对外秘而不宣。越是和别人分享，遗赠就会变得越丰盈充实。正是这些人把你带到通往永恒的道路上，把你提升到一个不会坠落的地方。

这是延长人类生命的唯一方法，不，这是让凡人获得永生的唯一方法。荣誉、纪念碑，以及我们通过法令获得或通过努力建立起来的任何东西，很快就会消弭殆尽。在漫漫的时间长河里，世界上没有什么东西是不会遭到破坏或改变的。然而，智慧是神圣的，不会受到一点儿伤害。没有时间能将其抹去或削减，时间的推移只会给它们增添荣耀（我们往往都会嫉妒离自己很近的东西，而对已成遥远历史的过去，则只会惊叹欣赏）。

因此，哲学家的生命才会是广泛的，而桎梏他人的界限并无法限制他们。只有他们不受支配人类的法律的约束。所有的时代都像服从神明一样服从他们。流逝的时间铭刻在他们的记忆里。他们充分利用当下的时间，而对未来，会心怀期待。他们将所有时间融合在一起，所以他们的生命才能如此长久。

在所有的生命中，对于那些忘记过去、忽视现在、害怕未来的人，生命最为短暂，也最为混乱不堪。来到最后阶段时，他们才恍然大悟，发现自己这么久以来都在忙于琐事，根本一事无成，可惜这个时候已经追悔莫及。倒也不能因为他们不时召唤死亡，就宣称他们长寿。这不过是因为他们缺乏意识，各种情绪变化又都围绕在他们所惧怕的事情上，弄得他们焦虑不安，所以他们才经常因为害怕死亡而渴望死亡。他们常常觉得一天很长，在约定的晚餐时间到来前，一直抱怨时间过得太慢，也不能将这视为他们长寿的理由。这只是因为他们一时间没有琐事可做，便焦躁不安，不知道该在这段空闲的时间里做什么。于是他们转向其他消遣，这些过渡的时间就变成了负担，就像角斗表演的日期宣布后，或者其他精彩表演、娱乐活动即将到来时，人们都盼着跳过中间这段时间，直接到活动举办日。

对他们来说，他们所盼望的每一件事若出现了延误，都将是漫长的煎熬。但在享受的时候，他们又觉得时间非常短暂，时光匆匆而过，因为他们自己的过失而稍纵即逝。他们一会儿尝试这个，一会儿尝试那个，从一个追求到另一个追求，在不同的欲望中辗转来回。他们的日子不长，却令人讨厌。但是，与妓女鬼混，畅饮美酒，这样度过的夜晚是多么短暂啊！于是诗人陷入疯狂，编造故事来滋养人类的恶行，想象朱庇特沉醉于男欢女爱所带来的愉悦中，夜晚就这样变得加倍漫长。你还能把这种助长恶习的行为称为什么？他们居然说是神创造了这些恶习，并以神为先例，为他们的弊病提供借口和许可。

对这些人来说，以如此高昂的代价买来的夜晚难道不短暂吗？他们把白天浪费在等待黑夜上，把夜晚浪费在害怕白昼上。

这些人享受的快乐中充满了焦虑，还被各种恐惧搅得不能安生。就在他们兴高采烈的时候，一个令人不安的想法悄然袭来："这可以持续多久？"当这种情绪笼罩国王时，他们会为自己的权力而哭泣。他们手握权柄却难以开怀，终有一天会到来的终点令他们心生惧意。伟大的波斯王是一个非常傲慢的人，他把军队派到广阔的土地上，军队的人数根本数不清，只能看他们占据了多少空间。波斯王想到这么多的年轻人在百年后都将不复存在，就忍不住潸然泪下。然而，正是这个哭泣的人，要将厄运强加给他们，让他们死在海上和陆地上，死在战斗中，死在逃亡的途中。他担心这些人活不到百年后，可用不了多久，这些人就会死在他手里。

他们即便在开心时也深受忧虑困扰，原因是什么？因为让他们快乐的事充满了变数，还非常空洞，因而混乱不堪。当这些人承认自己不快乐时，你觉得他们为什么快乐不起来？他们在高兴的时候，会自抬身价，称自己高人一等，而他们的快乐也并非单纯的快乐。

巨大的喜悦无不伴随着烦恼。好运降临，往往叫人难以置信。人需要更多的幸福来维护已有的幸福，需要进行更多的祈祷来回应已经实现的祷告。任何偶然发生的事情都是不稳定的，事情越好，就越容易出现意外。注定不能长久的东西无法给人带来快乐，那么，那些花很多努力得到一些东西，又花更多精力来维系的人，其生命必然极其短暂，还与快乐无缘。他们费尽千辛万苦获得了想要的东西，随后焦虑地抓住所获得的东西不放。与此同时，他们没有把永远也收不回来的时间考虑在内。叫人分心的事接连出现，第一个希望引发第二个希望，一个目标取代另一个目标。他们并不指望结束苦难，只盼着苦难的内容有所改变。我们的官职带来的只有折磨？别人的官职则会占用我们更多的时间。我们不再辛苦竞选了？现在，我们却开始费力为别人拉票。我们已经抛开起诉的麻烦了吗？现在，我们却承担起了法官的职责。法官则不再是法官，现在他成了委员会的负责人。一个人照看别人的财产，就像受雇的管家，待到年纪大了，就把目光转向了自己的财产。

马吕斯脱下军靴，走马上任，成为执政官。辛辛纳图斯急于解除他作为独裁者的权力，却在种地的时候被召回。西庇阿虽然还没有准备好承担重任，却开始进攻迦太基。他会打败汉尼拔和安条克，让自己在执政官的位置上坐得更稳，并保证了弟弟的地位。若不是他本人阻止，他的塑像早已矗立在朱庇特像的旁边了。即便如此，内乱仍将困扰这位国家的救世主。他年轻时蔑视与诸神同等的荣誉；上了年纪后，他很自豪地去流放，并以此为乐。总有情况会导致忧虑，不管原因是好运还是厄运。生活将从一个追求推进到下一个追求。人们永远得不到闲暇，却一直心向往之。

所以，亲爱的波利努斯，你要从人群中抽离出来，躲到一个更为宁静的港湾里去，毕竟你经历了你这个年纪不该有的波折。想想看，作为一个平头百姓，你经历了多少风浪和风暴，担任公职时又给自己招来了多少灾祸。到目前为止，你一直在艰苦奋斗，已然充分证明了自己的美德。试试看在退休后能做什么吧。你将大部分人生都献给了国家，那当然是最好的一部分时光，如今也要抽出一部分时间给自己。

我不是叫你偷懒，也不是叫你闲待着，把活泼的精神淹没在沉睡中，淹没在大众所喜欢的娱乐活动中。这不是我所说的休息。当你与世隔绝、无忧无虑的时候，你会发现自己想要追求的东西，比你迄今为止付出那么大努力所追求的事都要伟大。你监督整个世界的账目 [1]，就像对陌生人的账目一样细致，就像对自己的账目一样仔细，就像对公众的账目一样尽职尽责。这份差事难免遭人记恨，你却赢得了人们的爱戴。然而，相信我，考虑自己的生命比考虑粮食供应要好得多。放弃可以带来荣誉但不适合幸福生活的官职，唤回最有能力实现伟大成就的精神力量。想想看，你从小学习人文科学，但目的不是管理不计其数的谷物。你怀有希望，相信自己会有更高、更伟大的成就。这世上不乏既严谨又勤奋的人。行动迟缓的驮畜比纯种骏马更适合负重，毕竟谁会让纯种骏马负重，从而减缓它们的速度呢？

1　由于波利努斯监管的粮食储备是从许多地方进口的（主要来自埃及），塞涅卡用典型的夸张手法描述他，称他掌管着整个世界的账本。——译者注

你也要想一想，承担这么大的负担是多大的烦恼。你要对付的是人的胃。饥饿的民众不听道理，不会因为受到公平对待就得到安抚，也不会对恳求之言心生感动。就在最近，在卡里古拉死后的几天里（他非常难过——如果死者有感情的话：幸存的罗马民众只剩七八天的口粮了），食物极其短缺，这对那些被围困的人来说是最糟糕的情况了，况且他还在建造船桥，胡乱使用帝国的资产。他的所作所为像极了异域的国王，疯狂又傲慢，还很倒霉，结果差点儿被饿死，而饥荒则带来了一场灭顶之灾。当那些奉命管理公共粮仓的人，注定要被石头砸，被剑砍，被火烧，受卡里古拉的责备时，会作何感想？他们用谎言来掩盖潜伏在国家内部的巨大邪恶，并且肯定有充分的理由这么做（有些顽疾必须在病人不知情的情况下进行治疗。许多时候，光是知道自己得了某种病，人就会一命呜呼）。

　　让自己回归到这些更平静、更安全、更重要的事情上，或是小心翼翼地把谷物倒入储藏室，不让粮食遭窃，不因疏忽而有所损失，不因受潮或过热而变质，确保不会缺斤短两，或是专注于神圣而崇高的事物，你觉得这两件事一样吗？专注神圣而崇高的事务是为了找出神性，确定神的意志和神具有什么特点与形式。了解你的灵魂将面临怎样的结果，待到灵魂脱离肉体后自然会将我们置于何地？是什么让宇宙最重的部分保持在中心，让较轻的部分高悬？是什么将火送到高处，搅动天体变化，并发现其他充满巨大奇迹的事情？难道你不想离开沉闷的琐事，把目光投向这些研究吗？现在，趁着你的心还在怦怦跳，还有一腔热血，你必须踏上旅程去寻找更美好的事物。在这种生活方式中，有许许多多优秀的艺术在等待着你：热爱和践行美德，对激情淡然，加深对生与死的认识，脱离俗务，得到深切的喘息。

所有琐事太多的人都很悲惨，但最悲惨的莫过于费尽心力处理他人事务的人。别人睡觉了，他们才睡觉，还按照别人的步伐走路。对于爱恨这种最为自由的事，他们也要听从别人的吩咐。他们若想知道自己的生命有多短，就该想一想属于自己的时间是多么少。

所以，当你看到一个人多次坐上高官的位置，或者一个人在公共集会场所大名鼎鼎，也不要嫉妒。这些名利是以生命为代价换来的。为了在某一刻扬名立万，他们会耗掉人生所有的岁月。有些人刚开始奋斗，还没到达理想的顶峰，就走到了人生的尽头。还有些人，在经历了千百种屈辱后，终于爬上了高位，但一个可怕的念头让他们震惊不已：他们只是在辛苦地为自己雕刻墓志铭而已。还有些人到了晚年萌发了新的希望，感觉自己好像还很年轻，却根本无力付出巨大的努力拼命去追求新的希望，反而弄得自己精疲力竭。

一些老人帮助完全不认识的被告人，想要在法庭上赢得掌声，却在这个时候丧了命，那实在可耻。有些人不是因为努力工作而劳累，而是为生命本身的长度所累，在履行职责的过程中突然死去，他们也是可耻的。那些在检查账目时死去的人同样不光彩，他们那等待已久的继承人正好有理由大笑一场，继承遗产了。

我忍不住想到了一个例子。盖尤斯·图兰纽斯是一位久经考验的勤奋老人。年过九旬后，卡里古拉终于免除了他地方行政官的职务。于是他命人把自己抬到灵柩架板上，家人站在他身边，像他已经死了一样为他哀悼。全家都在哀悼老主人的退休，直到他的工作恢复才结束。

在忙碌中死去真的那么愉快吗？许多人都有这种想法。他们对工作的渴望比他们完成工作的能力更持久。他们与衰弱的身体做斗争，认为衰老是一种负担。没有别的原因，只是因为一旦上了年纪，他们就会遭到淘汰。法律规定50岁以上的人不能参军，60岁以上不得成为元老院议员。法律允许人们退休，人却不许自己轻易退休。只要人们互相抢夺，破坏彼此的安宁，使对方遭受痛苦，生活就不会有任何益处和快乐可言，也不会有思想上的进步。

没有人把死亡放在眼里，人们从来只会对遥远的目标心怀希望。有些人甚至详细计划好了身后之事，要建气派的坟墓，坟墓建好后举办豪华的落成典礼，葬礼上还要有角斗士比赛，出殡的队伍也要规模宏大。但是，要我说，应该在他们的葬礼上点火把和细蜡烛，表示他们的人生在开始时就已经结束了[1]。

1　在罗马，儿童的葬礼才在晚上举行，人们会在葬礼上点燃火把。塞涅卡的意思是，这些俗务太多的人并没有花多少时间过好自己的生活，等于白活一场。——原书注

论闲暇

......极力把我们推向各种邪恶 [1]。尽管我们没有尝试任何其他有益的事情，但退休本就是对我们有益处的，我们自己会变得更好。退回到最杰出的人士当中 [2]，从中选择人生榜样，有什么不好呢？不过，我们只能在闲暇时这样做。唯有那时，我们才有可能继续我们曾经下定决心要做的事情，因为没有人可以妨碍我们，并在大众的推

1　前文已佚失。——译者注
2　即与最好的书籍相伴。——原书注

波助澜之下趁我们决心尚不坚定之时将其推翻。唯有那时，生活才可能沿着唯一一条平坦大道前进，现在的生活中有太多的目标让我们分心。我们有很多问题，而最为有害的一点则是坏习惯总是变来变去，我们甚至没有福气坚持已然存在于我们身上的恶习。我们在一种恶习中找到乐趣，然后又换到另一种恶习。问题是，我们的选择不仅是错的，还变化无常。我们变来变去，一会儿抓住这个，一会儿又拿起那个。我们放弃曾经追求的，再次追求已经被放弃的，被欲望摆布，被悔恨啃噬。因为我们完全依赖于别人的判断，在我们看来，多数人寻求和赞扬的才是最好的，对真正值得追求和赞扬的东西我们却不屑一顾——我们考虑的不是道路本身的好坏，而是有多少人走在上面。可惜这些人走的都是不归路！

　　你会对我说："你在干什么，塞涅卡？你打

算放弃你的学派吗？你们这些斯多葛学派的肯定会说：'我们至死都将从事公共事务，哪怕年老力衰，也将永不停歇地为公共利益奉献，帮助每一个人，扶持所有人，哪怕是我们的敌人。我们不会因为上了年纪而卸下重担，正如那位才华横溢的诗人所说——我们将掌舵的大任交予白发苍苍的头脑。我们恪尽职守，至死都没有闲暇的时间，如果可能，我们甚至没工夫去死。'你为什么要在芝诺的地盘宣扬伊壁鸠鲁的理念？如果厌倦了自己的学派，你为什么不赶快放弃它，而要背叛它呢？"现在，我只能这样回答你："除了仿效我的领袖，你还指望我做什么？然后呢？我不会去他们让我去的地方，但会去他们带领我去的地方。"

现在我要向你证明，我并没有违背斯多葛学派的教义，因为领袖们也没有违背自己的教义。

可即便我遵循的是他们的行为而非教导，我也有很好的理由为自己做一番辩解。我将在两个方面展开论述。首先，我要表明，一个人有可能从小时候便开始全身心地投入对真理的思考、对生活艺术的探索，并在退休后开始实践。其次，当一个人从公共事务中解脱出来，生命也走到了尽头，他完全有正当的理由像维斯塔贞女[1]一样，将心思转移到其他的事情上。维斯塔贞女经年累月地学习如何举行神圣仪式，履行各种职责，而等到学会后，便开始教导其他人。

我还将证明，斯多葛学派也接受这种学说。这并不是因为我规定自己不能提出任何与芝诺或

---

1 古罗马侍奉圣灶神维斯塔女神的女祭司，因奉圣职的 30 年内必须守贞而得名。——译者注。

克里西普斯[1]的学说相违背的东西，而是因为这个问题本身使我不得不采纳他们的观点。如果一个人总是听从他人的意见，那么他就不应该待在元老院，而应该待在一个小的派系中。但愿所有的事物都能被理解，真理能被揭露，而我们也不必改变自己的任务！但事实上，我们和教导我们真理的人都在寻找真理。

伊壁鸠鲁和斯多葛这两个学派在大多数事情上都有分歧，在这个问题上也是相互矛盾的。他们都引导我们走向闲暇，只是方式不同而已。伊壁鸠鲁说："除非事态紧急，否则智者不应参与公共事务。"而芝诺却说："除非遇到阻碍，否则智者应当参与公共事务。"他们一个在闲暇时

1　克里西普斯（前 280—前 207 年），斯多葛学派的创立者之一。——译者注

也要追求特定的目标，而另一个则因为特定的理由才去寻求闲暇。不过"理由"一词在此有着广泛的含义。如果国家腐败到了无药可救的地步，或者完全被邪恶统治，那么智者不会盲目地努力，也不会在一无所获的情况下浪费自己的精力。如果他缺乏影响力或权力，政府拒绝接受他的服务，或者他的身体欠佳，那么他不会开启一段明知不适合自己的路程，就像他不会坐着破船出海，也不会身有残疾还应征入伍。因此，一个人同样可以在生活尚且一帆风顺、还未经历任何风暴之时，找一个避风港安顿下来，然后潜心治学，求闲修身，只有退休得最彻底的人才能做到这一点。当然，一个人必须对自己的同胞有所助益，如果可以的话，使多数人受益；如果不行，则使少数人受益；如果少数人也不行，那便使最亲近的人受益；而如果这样也做不到的话，那至少使自己受益。因为，如果他想对他人有益，就要参与公共事务，就像那些选择堕落的人一样，不仅伤害了自己，而且伤害了本可以因为他向善而获益的人们。因此，一个人只要获得了自己的认可，就会因为自身具备有益于他人的东西而对别人有所帮助。

我们要理解这样一个观点，即世界上有两种国家：一种是广阔而真正共同的国度，既信奉神也相信人，我们不以地域，而是以太阳运行的轨迹来区分公民身份；另一种则是我们偶然出生于其中的国家，可能是雅典，也可能是迦太基，或者其他任何不属于所有人，只属于某个特定种族的国家。有些人同时服务于广义和狭义的两种国家，有些人只服务于狭义的国家，而有的人则只服务于广义的国家。这个广义的国家，我们即使在闲暇时也能为其服务，不，我认为我们只有在闲暇时才能更好地为其服务。这样我们就可以探究什么是美德,是只有一种还是有多种美德;能引导人类向善的是自然还是艺术;这个包含了海洋和陆地以及其中一切事物的世界是神的唯一创造,还是神创造的这类世界到处皆是;形成万物的一切物质是连续而紧凑的,还是分散且虚实相间的;神是什么,他只是注视着自己的作品,什么也不插手,还是在运筹指挥;他是包罗万象,处于万物之外,还是渗透于内;世界是永恒的,还是终将灭亡,只能存在一段时间。思考这些事情的人能为神做什么呢?他使神的大能不至于无人见证!

我们喜欢说,至善就是顺应自然规律生活。自然孕育我们有两个目的,那就是让我们思考和行动。现在我要证明第一个目的。为什么要多此一举呢?每个人只要想想自己的情况,想想自己有多么渴望了解未知的事物，以及这种渴望是如何被各种各样的故事激发的，难道还不能证明这一点吗？有的人长途奔波航行到远方，只是为了发现隐秘而遥远的事物。正因如此，人们才会聚集在一起观赏风景。正是这种欲望迫使他们寻幽探秘，去寻找隐藏得更深的东西，揭示过往，聆听野蛮部落的传说。大自然赋予了我们好奇心，她（大自然）深知自己的技艺和美丽，之所以孕育我们，就是为了让我们目睹她那非凡的设计，她的作品如此众多、辉煌且设计巧妙，各个方面都那么生动而美丽。如果无人欣赏，那她的努力就徒劳无功了。这样你就会明白，她是多么希望我们不仅仅看到她，还要注视她，看到她将我们置于何处。她把我们置于她创造的中心，赋予我们环顾宇宙的视野。她不仅创造了直立行走的人类，为了让人类能够思考她的成就，还给了人类一颗置于身体顶端的头颅，并将它放在柔软的脖颈上。这样，人类便可以在星星升降之际，随着旋转的天体转动头颅。除此之外，通过指引白天的六个星座和晚上的六个星座沿着轨迹运行，她将自己展露无遗，希望人类在看到这些奇迹后，能够对其余的部分产生好奇。我们既没有看到全部的奇迹，也不清楚这些奇迹是不是无穷无尽，但我们的视野为探究开辟了道路，为获得真理奠定了基础，从而使我们的研究从已知转向未知，并去发现比世界本身更加古老的东西：星星来自哪里？在几种元素分离并形成宇宙的各个组成部分之前，宇宙处于什么状态？是什么样的原理使得混合交错的元素得以分离，又是谁指定了它们在事物中的位置？重元素与轻元素是否因其自身的特性而下沉和上升？也许除了物质的能量和重力之外，还有更高级的力量为每种物质制定了法则，试图证明人是神圣之灵的一部分，以及星星的某些部分如同火花一般降落到地球上，停留在不属于它们的地方这一理论是正确的。我们的思想冲破天空的束缚，不满足于已知的东西。它说："我要探明世界之外的情况，这浩瀚的空间是无止境的，还是也有自己的边界。无论世界之外存在着什么，它的外表如何，是无形、无序的，还是各个方向同样大小，布局呈现出某种优美；它距离我们很近，还是远离我们，翱翔在太空之中。是原子构成了一切已经存在或者将要出现的事物，还是说物质是连续、致密且可以改变的。元素之间互相排斥，还是说它们并不对立，尽管有所不同，但可以和谐共存。"既然人类生来就是为了探究这些问题，那么想一想，分配给一个人的时间是多么少——即便他声称这些时间全部属于自己。纵使他不允许任何时间轻易地从他手中被夺走，也不允许自己粗心大意地浪费时间。纵使他极其谨慎地守护着时间，并且达到了人类生命的极限。纵使命运没有夺去大自然赋予他的一切，但人类终究是凡人，无法领悟不朽的事物。因此，我只有完全臣服于自然，成为她的仰慕者和崇拜者才是顺应自然规律。但是，自然要求我两样都要做，既要行动，又要有闲暇沉思。事实上，我两样都做到了，因为即便是沉思的生活也并非没有行动。

"但这是有区别的，"你说，"你诉诸于此是否仅仅为了快乐，除了没有实际成果的不间断的思考之外别无所求，因为这种生活有其自身的魅力，它能令人愉悦？"对于这个问题，我的回答是，在你从事公共事务时，你的精神也会有很大的不同。你是否总是心烦意乱，从未将目光从人世转向天国？正如不热爱美德，不培养品格只追求财富，或者只对枯燥的工作表现出兴趣一样，这绝不值得称赞。因为所有这些必须结合起来，齐头并进。因此，如果美德被放逐于闲暇而非付诸行动，那就是一种不完美、缺乏生命力的善，永远不能把学到的东西公之于众。美德应该通过公开的行为来检验其进步，不仅应该考虑要做什么，还要不时地亲自将自己的构想变为现实，这一点谁能否认呢？但如果问题不在智者身上，即缺少的不是行动者，而是可做的事情，你会允许他取悦自己的灵魂吗？智者是出于什么样的想法让自己闲暇的呢？因为他知道自己会做一些有益于子孙后代的事情。至少我们的学派会说，芝诺和克里西普斯所取得的成就要比带领军队、担任公职和制定法律更加伟大。他们制定的法规不仅适用于一个国家，而且适用于整个人类。那为什么这样的闲暇不适合那些优秀的人呢？他们可以利用这种闲暇主宰未来的时代，可以对所有国家的人说话，不管是现有的人还是将来的人，而不是对少数人说话。总之，我问你：克里安特斯、克里西普斯和芝诺有没有照他们的学说去生活？毫无疑问，你会说他们正是按照他们教导人们做的那样而生活的。然而，他们当中没有一个人治理国家。你会说："他们既没有财富，也没有达到管理公共事务通常需要的职位。"但尽管如此，他们并没有过着懒散的生活，而是找到了一种途径，可以使自己的休息对人类的帮助胜过其他人的辛劳和汗水。尽管他们没有在公共场合发挥作用，但人们仍然认为他们起到了重要的作用。

此外，生活有三种方式，人们常常会问哪一种最好。一种是致力于享乐，一种是致力于思考，还有一种是致力于行动。让我们先放下冲突，抛开对那些与我们目标不一致的人的仇恨——尽管我们曾毫不留情地公开过这些仇恨，来看看这三种生活方式，尽管名义上不同，却如何产生了相同的结果。因为追求快乐的人并非没有思考，爱思考的人也并非没有快乐，而致力于行动的人更不会不思索。可是你说："某件事是主要目的，还是仅仅附属于其他主要目的，这两者有着天壤之别。"好吧，就算两者之间的确存在巨大的差异，但没有了一个，另一个也就不存在了。有的人没有行动就不会思考，有的人不思考就不会行动，还有一种人，尽管我们对他们的评价不高，但他们追求的也不是没有意义的快乐，而是凭借理性可以获得的可靠的快乐。因此，即使是这一追求快乐的学派本身也会致力于行动，他们显然会采取行动！因为伊壁鸠鲁本人就宣称，如果预感到自己会因为快乐而悔恨，或者可以用小的痛苦代替较大的痛苦，他有时也会放弃快乐，甚而寻求痛苦。我为什么要说这些？因为我想表明思考对任何人都是有益的。对有的人来说，它是目标，而对我们来说它是一个休息之所，而非停泊的港湾。

此外，根据克里西普斯的观点，一个人有权过悠闲的生活。我的意思不是说他可以容忍悠闲，而是他可以选择悠闲。我们学派不允许智者依附于任何一类国家。如果智者找不到合适的国家，那么他以何种方式获得闲暇又有什么区别呢？不管是没有国家适合他，还是他不符合那些国家的要求。而且，对挑剔的寻求者来说，没有哪个国家是合适的。我问你，智者应该为哪种国家效劳？雅典人的国家吗？苏格拉底被判处了死刑，亚里士多德为了逃避判决逃跑了。在那里，嫉妒战胜了美德。你肯定会说，没有哪个智者愿意待在这样的国家。那么到迦太基人那里吗？那里派系林立，最优秀的人都与"自由"为敌，正义和善良受到极大的蔑视，敌人受到非人道的残酷对待，而对待同胞就像对待敌人。智者会逃离这样的国家。如果我一一列举，连一个能够容忍智者或者智者能够忍受的国家都找不到。如果我们梦想的国家不存在，那么闲暇就会成为我们所有人的必需品，因为不存在比闲暇更好的选择。如果有人说最好的生活是航海，却又说我不能在一片频频发生沉船的海域航行，而且那里经常会有突如其来的风暴让舵手迷失方向，那么，我会得出结论：这个人尽管赞成航海，实际上却在阻止我起锚。

论死亡的恐怖

1. 你既已开始，便必须继续到底，还要尽可能快马加鞭，如此方能更长久地拥有进步的思想。思想进步，心灵便安宁、平和。毫无疑问，思想升华了，悠然自得，宁静自持，你就会从中获得乐趣。心灵洗净了所有的污点，就会发光，沉思带来的愉悦是与众不同的。

2. 你当然记得，脱掉稚童的服装，穿上大人的长袍，在人们的簇拥下来到广场，那时你整个人都被喜悦包围着。然而，当你将童年的思想抛诸脑后，并在脑海中换上成人的智慧，得到的欢喜将更为深刻。有一点非常糟糕，那就是留在我们身边的不是少时的时光，而是幼稚的心性。既拥有老年的权威，又难免陷入少年的愚蠢。是的，甚至婴儿期的蠢钝也不曾离去。如此，情况就尤为严重了。少年惧怕琐碎，稚儿恐惧暗影，而我们，对两者都心怀惧意。

3. 你只需做一件事，那就是不断地前进。由此，你会明白，恰恰因为有些事在我们心里激起了极大的恐惧，反而不那么可怕了。没有什么邪恶是不可战胜的，不过是一副空架子而已。死亡总会到来。若死亡在你身边徘徊不去，那确实可怖。但死亡要么根本不来，来了也会旋即离开。

4. "然而，"你说，"要使心灵升华到不把生命放在眼里的地步，却也难如登天。"但是，你难道看不见，出于很多微不足道的理由，人会蔑视生命吗？有个男人在情妇的门前上吊自尽，另一个男人为了避免被迫忍受主人阴晴不定的脾气和奚落嘲弄，从屋顶一跃而下。还有一个人，他在逃之夭夭后为了不被抓住，竟然举剑自刎。难道你不认为美德和过度的恐惧一样灵验？若一心只想延长生命，或是相信高官厚禄是福气，那就不可能在生活中找到平静。

5. 每天都思考这个想法，你就能心满意足地离开人世。许多人紧紧抓住生命不放，就像人在被急流裹挟时，不顾一切地抓住荆棘和尖锐的岩石。对死亡心怀恐惧，对艰辛的生活心怀畏惧，大多数人便是在这样的人生中浮浮沉沉。他们不愿活着，却也不清楚如何死去。

6. 出于这个缘故，一定要把生活中的烦烦扰扰都抛在脑后，再通盘筹划，让生活变得适合自己。除非一个人从思想上甘愿接受失去，否则再美好的事物，也带不来幸福。然而，没有什么比失去了不可或缺的东西更让人不舒服的了。所以，应当勉励你的心，让心灵变得坚忍不拔，抵挡那些最强大的人也难免会遭遇的灾祸。

7. 举例来说，庞培的命运掌握在一个男孩[1]和一个太监的手里[2]，克拉苏的命运则由一个心狠手辣、粗野无理的帕提亚人决定[3]。盖乌斯·恺撒命令雷比达[4]露出脖子，任由护民官德克斯特挥舞斧头斩落，他还把自己的喉咙暴露在喀里亚面前。到目前为止，还没有哪个凡人能受命运的眷

1　指年轻的屋大维（后来的奥古斯都），他是恺撒的养子和继承人。尽管年轻，但是屋大维展现出了卓越的政治和军事才能，成为庞培的主要对手之一。——译者注

2　公元前 48 年，庞培死于托勒密十三世的宦官侍从伯狄诺斯之手。——译者注

3　帕提亚军队以少胜多，击败了克拉苏率领的罗马军团。克拉苏不仅战败，还赔上了性命。——译者注

4　罗马共和国末期的政治家和军事将领，活跃于公元前 1 世纪。——译者注

顾，只得命运的垂青，而不受命运的威胁。切勿相信命运表面的平静。刹那间，深邃的大海就会波涛汹涌。船只勇敢地去乘风破浪，可刚一亮相，就沉入了深海巨渊。

8. 想象强盗拦路，或是敌人要割断你的喉咙。虽然不是你的主人，但每个奴隶都掌握着你的生死大权。因此，我要告诉你，若有人亵慢自己的生命，那便可主宰你的生命。想想那些在自己家里被阴谋杀害的人，他们或被公开杀害，或死于诡计。你会明白，愤怒的奴隶杀死的人，与愤怒的国王杀死的人一样多。因此，当每个人都拥有引起你恐惧的力量时，你所害怕的人有多强大又有什么关系呢？

9. "但是，"你会说，"假如你碰巧落入敌人的手中，征服者会下令了结你的性命。"没错，人始终在逐渐靠近死亡。你为什么自愿欺骗自己，要求别人第一个告诉你，你长期以来所经受的是怎样的命运？相信我的话：从出生的那一天起，你就一直在向着死亡前进。若希望在平静中等待最后时刻的来临，我们就必须仔细思考这个想法，以及类似的想法；不然，我们会时时刻刻深受恐惧的困扰。

10. 信写到这里，也该告一段落了。现在，我要和你分享一句令我今天心情愉悦的话。这句话是我从别人的"花园"[1]里采集来的："贫穷如果符合自然规律，就是巨大的财富。"你知道自然法则给我们设定了怎样的限制吗？无非就是不要挨饿，不要口渴，不要挨冻。为了填饱肚子，消除口渴，你不必向以富自傲的人卑躬屈膝，不必忍受他们严厉的面孔，更不必屈服于打着仁慈

1　即《伊壁鸠鲁的花园》。——译者注

的幌子对你抛来的羞辱。你也没有必要到海上搜寻，更加不必去野外探索。大自然的需要很容易满足，随时可用。

11. 人们拼命工作去换取的，都是些多余的东西，那些多余的东西害得我们的长袍变得褴褛，迫使我们在寻找中变得苍老，让我们沦落异乡。我们手里所握着的东西，已然足够。身处贫穷亦甘之如饴，方为富足。再会。

论孤独的生活

1. 是的，我的观点依然如故：要避开多数，要避开少数，甚至是个人，都要避开。我并不愿意和你说起任何人。你看，我对你的看法是这样的：我敢相信你能安于孤独。据说，克拉底，就是斯提博[1]的弟子，他注意到一个年轻人独自行走，就问年轻人一个人在干什么。"我在与自己交流。"年轻人如是回答。"那么，请你小心点儿，"克拉底说，"多多注意吧。与你交流的，是

1　古罗马智者。——译者注

一个坏人!"

2. 若有人深陷悲伤或恐惧,我们习惯对他们加以关注,以防止他们在孤独中做出错事。不善于思考的人不该独处,否则只会做出愚不可及的计划,为他本人或其他人埋下隐患,将他们置于险境。他们把内心低级的欲望展露无遗,曾经因恐惧或羞耻而被压抑的念头,头脑会将其表现出来。在这样的刺激下,他们变得胆大冒失、激愤难平,心中怒火燃烧。最后,孤独所带来的唯一好处,也就是习惯不信任任何人,也不惧怕旁人,也会因愚昧而荡然无存。原因在于他背叛了自己。

因此,我对你有几点希望,还请你注意。不,更确切地说,这是我对自己的承诺,毕竟希望只不过是不确定的祝福而已。除了你自己,我不知道我更希望你和谁交往。

3. 我还记得你发表过一番言论，从中可见灵魂是多么高尚，语气是多么有力！我立刻暗自庆幸说："这些话并非只是嘴唇翕动的结果，其中的一字一句都有着坚实的根基。这个人不落俗套，他关心自己的真正利益。"

4. 要这样说话，也要这样生活。注意不要让任何事使你沮丧。至于你从前所做的祷告，就不必要求诸神将它们一一实现了。现在来重新祷告吧。祈祷获得健全的心灵和健康的身体，先求灵魂，再求肉体。当然，你应该经常这样祈祷。大胆呼求神的庇佑吧，但不可向他索要属于别人的东西。

5. 但我必须按照我的习惯，随信寄去一件小礼物：这句至理名言是我在阿典诺多罗斯的作品中看到的："什么时候你达到一定的境界，除了可以公开祈祷的东西，什么也不向神明索要，那你就超脱了所有的欲望。"但现在的人是多么愚蠢啊！他们低声向天做出最卑微的祈祷。但如果有人听，他们马上闭口不言。他们不愿意让人知道的，就向神倾诉。那么，你难道不认为有人可以给你这样有益的忠告："像神明注视着你那样，生活在世人之间。像世人在听一样，与神明交流"？再会。

论毫无因由的恐惧

1. 我知道,你是个意志坚强的人。甚至在你开始用有益身心、能克服障碍的格言武装自己前,你就已经取得了傲人的成就,在与命运较量了。既然你在与命运搏斗,考验自身的能力,你的选择就越发正确了。我们的力量永远不能激发我们对自身的笃信不疑,除非在这样或那样的地方遇到了许多困难,有时甚至难以招架。只有这样,真正的意志才能得到检验,而这种意志绝不可能接受自身之外的事物对其进行管辖。

2. 与命运较量是检验意志的试金石。一个职业拳击手若从未被打得遍体鳞伤，就不可能带着高昂的情绪去参加比赛。只有见过自己鲜血的人，才能够自信地参加竞赛。他们感受过自己的牙齿在对手的拳头下咯咯作响，也曾被对手的全力冲击掀翻在地。但被击倒的只有身体，意志从不曾被打垮，每次跌倒，他们都能以比以往更强大的抗争精神重新站起来。

3. 所以，要记住我的话，过去运气经常占上风，但你没有屈从，反而一跃而起，更为热切地坚守阵地。勇敢刚毅的人面对挑战，会越发刚强。然而，如果你同意，请允许我提供一些额外的保护措施，让你的能力变得更强大。

4. 卢西留斯，使我们害怕的东西有很多，甚至多于能叫我们崩溃的东西。我们在想象中比在现实中更容易受苦。我不是用斯多葛学派的语气和你说话，而是用我温和的风格。按照我们斯多葛学派的习惯，所有引起人们叫喊和呻吟的事，都会被视为并不重要，也不值得注意。不过，我和你必须放弃这些冠冕堂皇的话，虽然，天知道，它们足够真实。我要给你一个建议：在危机到来前，没必要不开心，毕竟，有些危险看似迫在眉睫，使你望而生畏，却永远不会降临到你身上。这些危险肯定还没有出现。

5. 有些事给我们带来的折磨超出了应有的程度，持续的时间超出了应有的时长；有些事本不该带给我们困扰，却让我们无比煎熬。我们习惯于夸大和想象悲伤，总以为悲惨的事会降临在自己头上。

暂时不谈这三个错误中的第一个，可以说这个问题还在讨论中，案件也还在审理中。有些事在我眼中是微不足道的，你却觉得天都要塌了。我当然知道，有些人即便挨了鞭打，也会放声大笑；有些人只是挨了耳光，就畏缩不前。我们稍后将考虑这些邪恶是从自身吸取力量，还是利用了我们的软弱。

6. 当人们围绕着你，试图说服你相信自己并不快乐的时候，请帮我一个忙，不要就你听到的话进行思考，而是要考虑你自己的感觉，听取你的感觉所给的建议，独立地扪心自问，因为你比任何人都更了解自己。你要问："这些人有什么理由同情我？他们为什么要担心甚至害怕受到我的传染，好像麻烦会传染似的？这里面有什么邪恶的东西吗？抑或这只是恶意的传闻，并不存在任何罪恶？"要自觉地问自己这样的问题："我所受的苦是不是无缘无故，我是不是郁郁寡欢，我是不是把本来不邪恶的东西变得邪恶无比？"

7. 你可能会反问："我怎么知道我的痛苦是真实的，还是想象出来的？"现在来说说这类事的规律：我们要么被眼前的事情折磨，要么被未来的事情折磨，要么受到这两者的折磨。对于当下的事，做决定很容易。假设你享有自由和健康，没有遭受任何外部伤害，至于将来会发生什么事，还是以后再看吧。眼前并没有什么可担心的。

8."但是，"你说，"还是会出事的。"你认为未来会出现麻烦，那么首先就要想想你的依据是否站得住脚。更多时候，困扰我们的，只是我们自己的忧虑。此外，谣言还一直在嘲弄我们。它惯于引起战争，但更多的是扰乱个人。是的，我亲爱的卢西留斯。我们太容易相信别人说的话了。对于所惧怕的事，我们不会去进行试验，我们不会进行调查。我们畏缩后退，就像看到狂奔的牛卷起尘埃、士兵被迫放弃营地，或仅仅因为一些未经证实的谣言就陷入了恐慌。

9. 不管怎样，最使我们不安的是那些无聊的传言。真理有它自己明确的界限，但谣言从不确定中产生，经由猜测，在受惊吓的心灵不负责任的放纵下，便传播开来。因此，恐慌会加剧恐惧，具有巨大的毁灭性，也难以控制。其他的恐惧都是毫无根据的，但受恐慌加持的恐惧则愚蠢至极。

10. 那么，让我们仔细研究一下这件事吧。的确会有一些麻烦降临在我们头上，但现状并非如此。多少次，意想不到的事变成了现实！多少次，以为会发生的事却始终不曾发生！即使一切都是命中注定，跑过去迎接痛苦又有什么用呢？等到苦难到来之际，你很快就会受苦，那不如还是期待一些好事吧。

11. 你这样做，有什么好处？答案就是时间。

与此同时，将会有许多事推迟、结束，或转而发生在其他人身上；而这些考验原本很快就会降临在你身上，甚至距离你只有咫尺之遥。一场大火开辟出了一条生路。只消一场灾难，就能轻松把人击倒。有时，剑明明到了受害者的喉咙处，却还是收住了锋芒。有人能从刽子手那里捡回一条命。即使是坏运气，也变幻无常；它也许会来，也许不会来。而眼下它并没有出现。所以，还是期待好事发生吧。

12. 有时，哪怕没有任何邪恶的迹象，思想也会自行制造出邪恶的假象。有些话只是意思可疑，思想却将其曲解成最糟糕的含义。它把一些私人恩怨想象得比实际情况更严重，考虑的不是敌人有多愤怒，而是敌人在怒火的刺激下会干出什么事。然而，如果我们任由自己的恐惧毫无限制地肆虐，那生活就不再有任何意义，悲伤也将没有止境。在这件事上，让谨慎助你一臂之力，并以坚决的意志去蔑视吧，即使恐惧处在显而易见的位置。你若做不到这一点，那就用一个弱点来对抗另一个弱点，用希望来缓和恐惧。在这些令人恐惧的事物中，没有什么是确定的。但可以肯定的是，我们所害怕的事物将化为乌有，而我们所希望的事物将嘲笑我们。

13. 因此，仔细掂量你的希望和恐惧，当所有因素都有疑问时，做出有利于你自己的决定。要相信自己的偏好。若恐惧占了上风，那么无论如何，还是向另一个方向倾斜，停止骚扰你的灵魂，不断地反思：大多数凡人，即使麻烦没有近在眼前或肯定会在未来出现，也会变得激动和不安。没有人会在别人催促他前进的时候停下来，也不会根据事实来调整自己的惊恐。没有人会说："这个故事的作者是傻瓜，相信这个故事的人是傻瓜，捏造这个故事的人也是傻瓜。"我们任由自己随风摆动。我们害怕不确定，就好像它们一定会变成现实。我们没有节制。哪怕是最微不足道的事也会变得严峻无比，使我们立即陷入恐慌。

14. 可是，我既不好意思严厉地规劝你，也不好意思用温和的补救办法来欺骗你。有人是这么说的："也许最坏的事并不会发生。"你一定会这么说："如果真发生了怎么办？我们来看看赢的是谁！也许这样对我最好，也许这样的死会给我的生命增添光彩。"苏格拉底死于毒芹制成的毒酒，因此变得高贵。从自由的捍卫者加图 [1] 手中夺走他的剑，就是剥夺了他最大的

1　马尔库斯·波尔基乌斯·加图，罗马共和国时期的政治家、国务活动家、演说家，公元前 195 年的执政官。——译者注

荣耀。

15. 我劝告你太久了，可你需要的是提醒，而不是劝勉。我引导你走的道路与你的本性引导你走的道路并没有什么不同。你天生的言行举止就与我所描述的一模一样。因此，你更有理由增加和美化你内心的善。

16. 但在这封信的最后，我只需要像往常一样盖上印章，换句话说，就是写上一些至理名言传递给你："傻瓜有太多的缺点，其中之一便是总在为生活做准备。"我尊敬的卢西留斯，想一想这句话是什么意思，你就会看到那些变化无常的人每天奠定新的生活基础，甚至在坟墓的边缘开始建立新的希望，是多么叫人厌恶。

17. 在你自己的头脑中寻找个别的例子。你会想到有些老人正在准备从政、旅行或经商。人到老年，还有什么比准备去生活更低劣的呢？我不会说出这句格言出自谁之口，毕竟这句话并不出名，也不是我赞美和引用的伊壁鸠鲁的名言之一。再会。

论远离世俗的原因

1. 我承认，人天生眷恋自己的身体。我也承认，人有责任守护好自己的身体。我并不是说一点儿也不能纵容身体，但我坚持认为，我们绝不能沦为身体的奴隶。一个人若把身体当作主人，过度担忧，生怕身体出现问题，把对身体好与不好作为评判一切的标准，那么，他在很多方面都将成为奴隶。

2. 做事时，不要表现得好像活着就是为了保护身体，而是应该认为，没有身体我们就不能存活。过于在意身体，会导致我们六神无主，心生恐惧，被忧虑压得喘不过气，还很容易遭受侮辱。一个人若将身体看得过于珍贵，就会视美德为无物。我们应该珍惜身体，对身体呵护备至，但也应做好准备，一旦理性、自尊和责任要求我们做出牺牲，我们也要义无反顾地将身体投入烈焰之中。

3. 然而，只要我们能够，就应不断思考如何击退所有令人恐惧的事物，从而尽量避免不安和危险，退到安全之地。我若没弄错的话，这些恐惧主要分为三类：害怕欲望，害怕疾病，害怕更强大的存在施暴所带来的险境。

4. 而在所有这些恐惧中，最令我们烦乱的，是他人所具有的优势带来的威胁。毕竟，这种威胁一旦出现，就会伴有巨大的喧嚣和骚动。但我提到的自然存在的有害之事，即欲望和疾病，却是悄无声息地降临在我们身上的，不会在视觉或听觉上造成恐怖的冲击。还有一种有害之事，可以说场面极其惨烈。它周围是刀霜剑雨、炽火烈焰、铮铮锁索，还簇拥着一群野兽，随时准备把人大卸八块。

5. 请想象一下这些场景：监狱、十字架、拉肢刑具、钩子，还有插入人体直至从喉咙穿出的尖桩。想想看，几辆战车向相反的方向狂奔，把人的身体撕裂。想想看，那可怕的袍子，不光用易燃的材料织就，上面还涂满了易燃物。除了我提到的这些，再想想看人类发明出来的其他残忍刑具！

6. 由此可见，即便我们极度恐惧，生怕遭遇如此命运，也不足为奇。恐怖的命运多种多样，与之有关的刑罚令人胆寒。施刑者展示的工具越多，他的威慑力就越大。确实，本可以忍受痛苦的人见到这样的场面，也会崩溃。同样，在所有胁迫和征服人类心灵的力量中，最有效的就是那些能够展示威势的事物。当然，其他的苦难同样叫人不堪负荷。我指的是饥饿、干渴、胃溃疡，以及烧灼五脏六腑的热病。然而，它们是在隐秘地发挥作用。没有喧嚣咆哮，也没有事先预警。这些恐惧则如同战争的恢宏场面，凭借展示出的威力和骇人的装备，就占据了上风。

7. 因此，我们要注意不去主动招惹他人。有时，我们应当对民众怀有畏惧之心。有时，我们应当害怕元老院里有权有势的寡头，因为基本上由他们决定如何治理国家。还有些时候，我们应该害怕一些个人，他们手里掌握着民众赋予的权力，却又利用这些权力来对付民众。与这样的人结交为友，则是沉重的负担。只要不与他们为敌就够了。因此，智者永远不会激怒手握大权之人。不仅如此，他甚至会像在驾驶船只时避开风暴一样另辟蹊径。

8. 要去西西里，就必须穿越海峡。领航员若莽撞愚昧，便不把狂暴的南风放在眼里。但因为南风大作，西西里海会波涛汹涌，洋流湍急。他并没有选择靠近左侧的海岸，非要前往卡律布狄斯[1]搅乱海流的地方，在那附近的海岸殊死挣扎。然而，更为谨慎的领航员会找到熟悉当地情况的人，打听潮汐的规律，天上的云是什么样的征兆。他会远远避开以漩涡闻名的水域。智者的做法也是一样的。他会避开可能造成伤害的强者，同时注意不让人看出他是刻意为之。原因在于，要保证自己的安全，一个重要的方面就是不可在大庭广众之下寻求安全。毕竟，你回避什么，就表示在谴责什么。

1　希腊神话中吞没船只的海怪。——译者注

9. 因此，我们应当环顾四周，看看如何保护自己免受暴民的伤害。首先，我们不应有与他们相同的欲望。毕竟一旦产生竞争，冲突就不可避免。其次，有什么东西可能被敌人夺走，并为其带来巨大的好处，我们就不要拥有这样的东西。尽可能少拥有会遭到别人觊觎之物。没人会仅仅为了杀戮就去残害同胞，至少这样的人极少。人之所以杀人，更多的是为了得到好处，而不是发泄仇恨。如果你两手空空，连强盗都不会多看你一眼。即使路上危机四伏，穷人也能平安通过。

10. 接下来，我们必须遵循古老的格言，特别小心地不让自己沾染三点，即仇恨、嫉妒和蔑视。唯有智慧能告诉你如何做到这一点。保持中庸之道可谓难如登天。我们必须小心，不要因为害怕产生嫉妒心就让自己沦为受轻视的对象，我们选择不压制他人，同时也不可让他们以为可以随意压制我们。许多人有能力激发别人的恐惧，却也能使自己陷入恐惧。我们要想方设法保持低调，因为受人轻蔑与受人仰慕同样贻害无穷。

11. 因此，人必须求助于哲学。不仅在好人眼中，而且在那些稍微有点坏的人的眼中，这样追求哲学都是一种追求保护的象征。无论是在法庭上夸夸其谈，还是做出任何其他吸引大众眼球的举动，都会为自己树敌。但哲学是平和的，安于一隅。人们不会蔑视哲学，各行各业都尊重哲学，即使是最卑劣的行业也不例外。邪恶永远不会强大到足以摧毁哲学的名声，高尚的品格也永远不会遭到阴谋的算计，哲学将永远受崇敬，在人们心中具有神圣的地位。

然而，我们要冷静自持，以适度的方式去践行哲学。

12. "那么,"你也许会如此反驳,"你认为马尔库斯·加图的哲学是适度的吗?加图仗义执言,努力制止内战。疯狂的首领们自相残杀,加图隔开了他们的刀剑。当一些人反对庞培,另一些人反对恺撒时,加图同时挑战这两方!"

13. 然而,人们完全可以质疑,在那个时代智者是否应该参与公共事务,并提出疑问:"马尔库斯·加图,你是什么意思?现在的问题不是自由,毕竟自由早已分崩离析。问题在于,将由谁来掌控这个国家,是恺撒,还是庞培?加图,你为什么要在这场争端中偏袒一方?这与你无关。暴君是被选出来的。谁获胜对你有什么影响?好人也许有胜算,但最后的赢家注定是坏人。"我以前提到过加图的最终角色。但即使在那些年月,智者也不被允许干预这种对国家的掠夺。除了提高嗓门儿说些无关痛痒的话,加图还能做什么？有一次，他被暴民推搡、吐口水，并被强行从广场带走，流放他乡。还有一次，他被人带离元老院，直接丢进了大牢。

14. 然而，关于智者是否应该关注政治的问题，还是以后再讨论吧。但我请你考虑一下这样的情况：斯多葛派学者远离公共生活，避世而居，从而实现改善人类生活、为人类制定法律的目标，还不会招致当权者的不满。智者不会颠覆民俗，也不会以任何新奇的生活方式吸引民众的注意。

15. "那又如何？遵循这一计划的人，就能安全无虞，规避一切风险吗？"我无法向你保证这一点，就像我无法保证只要保持适度定能身体健康一样，哪怕事实上，健康正是源于适度。有时，船只会在港口中沉没，但在无边无际的大海上，你以为会发生什么？一个人即便无所事事也难享安全，那在他忙于许多事务之际，又会面临多少危险！有时候，无辜者并不长命，谁会否认这一点？但死掉的有罪之人更多。士兵穿着盔甲却还是受到致命一击，那并不表示他的作战技能输人一等。

16. 最后，智者注重的是一言一行事出何因，而非引发了何种结果。事情的起始掌控在我们手中。结局如何，皆由天定，但我不允许命运对我做出判决。你可能会说："命运使然，能造成一定程度的痛苦和麻烦。"强盗大开杀戒之际，并不是在做判决。

17. 现在把手伸出，领取日常的馈赠，听取我随信附赠的格言吧。我将送给你的礼物确实如金子一般。既然提到了黄金，那我就来讲一讲怎么使用它，享受它，才能从中汲取美妙的乐趣。"最不需要财富的人，最能享受财富。"你会问：

"请告诉我这句名言出自谁之口！"现在，为了向你展示我的慷慨，我打算赞美其他学派的格言。这句话出自伊壁鸠鲁，或迈特罗多鲁斯[1]，要不就是他们那个思想工场的某个人。

18. 但这句格言是谁说的又有什么关系？反正它让全世界都获益匪浅。渴望财富，便会因此畏首畏尾。然而，若一件好事只会让人焦虑难安，则不会有人享受其中，因为如此一来，人只会追求更多，以消除那份不安。一个人若只知道绞尽脑汁获得更多的财富，便忘记了如何使用财富。他整理账目，翻动账本，为此脚步匆匆，把广场上的石板都踩得光滑锃亮。简而言之，他不再是主人，而是变成了管家。再会。

1　古希腊伊壁鸠鲁学派哲学家之一，伊壁鸠鲁最得意的门生。——译者注

论哲学，生活指南

1. 卢西留斯，想必你很清楚，人不学习，不掌握智慧，就无法过上幸福的生活，甚至连有吃有喝的生活也过不上。你也知道，随着智慧达到圆满，生活就会沐浴在幸福中。不过，即使我们刚刚开始获得智慧，生活至少也是可以忍受的。然而，这个想法虽然很清楚，但必须每天进行思考，才能强化，使其更为深刻。对你来说，坚持已经下定的决心，比做出崇高的决定更重要。你必须坚持不懈，必须通过不断学习来培养新的力量，直到好的爱好变成坚定的目标。

2. 因此，你不必再同我谈话，进行抗议了。我知道你已经取得了很大的进步。我理解你说那些话是出于怎样的感情。那些话并不做作，也没有似是而非。不过，我要讲一讲我的想法：目前我对你抱有希望，但还没有完全信任你。我希望你对自己也采取同样的态度。你没有理由这么迅速、这么轻易就对自己充满信心。要审视自身，要用不同的方式审视和观察自己。但首先要注意，你是在哲学上取得了进步，还是仅仅添了些年岁？

3. 哲学不是讨好大众的把戏，它的出现不是为了炫耀。关键不在于言辞，而在于事实。追求哲学，并不是为了在一天结束前得到一些娱乐，也不是用来甩脱烦恼的休闲活动。它可以塑造灵魂，支配生活，指导行为，告诉我们什么该做，什么不该做。当我们在不确定中摇摆不定，它会掌舵，指引航向。没有它，人就不可以无所畏惧或内心平静地生活。每时每刻都有无数的事情需要建议，而这样的忠告要在哲学中寻求。

4. 也许有人会说："如果命运真的存在，哲学又怎么能帮助我呢？如果神明统治宇宙，哲学又有什么用呢？如果一切都是运气使然，那哲学又何济于事？"毕竟，哲学不仅不可能改变早已命定的事情，也不可能对命运尚未确定的事做出事先的计划。要么是神明预先阻止我的计划，并决定我该怎么做；要么就是命运不容许我的计划自由发挥。

5. 卢西留斯，不管真理是存在于其中一种观点中，还是存在于所有这些观点中，我们都必须钻研哲学。无论命运是否以无情的法则约束着我们，神明是否作为宇宙的仲裁者安排了一切，运气是否毫无章法地驱使和抛掷人类事务，哲学都应当成为我们保护自己的手段。它会鼓励我们愉快地服从神明，但蔑视命运；还会教导我们跟随神明，忍受运气。

6.但是，如果神明的预知至高无上，如果一连串命中注定的事件把我们拖进魔爪，如果突然的意外像暴君一样玩弄我们，那么现在，我就不需要讨论什么是在我们控制范围之内的。现在我要继续提醒和劝告你，不应该让精神上的冲动减弱和变冷。一定要紧紧抓住，建立牢固的根基，使冲动变成思维习惯。

7.如果我很了解你，那么刚读到这封信的开头，你就应该很想知道它给你带来的小小箴言是什么。仔细查看一下这封信，就能找到。你不必惊奇，以为我天赋异禀。到目前为止，我只是在慷慨地借助别人的智慧结晶而已。但我为什么说"别人"？因为无论别人说了什么，都是我的。这也是伊壁鸠鲁的一句箴言："如果你按照自然生活，就永远不会贫穷；如果你按照别人的意见生活，就永远不会富有。"

8.大自然的需要少之又少，而意见的要求则没完没了。假设许多百万富翁的财产都掌握在你的手里，假设财富给你带来了远远超出个人收入的享受，让你穿金戴银，华服加身，生活奢侈。如此一来，你不仅是拥有财富，还可以践踏财富。再让你拥有雕塑、名画和任何为满足奢华而设计的艺术品，那么，你只会从这样的事情中变得更加欲壑难填。

9.天生的欲望是有限的，那些源自虚假观点的欲望却多到数也数不尽。虚假是没有限制的。人在路上旅行，一定会有终点。但当你误入歧途，只会不停地流浪下去。因此，回想一下你从无所事事中走出来的脚步。当你想知道你所追求的是基于自然的欲望还是出于受误导的欲望时，考虑一下你的脚步是否能在任何明确的点上停止。若你在远行后发现，眼前总有一个更遥远的目标，那便可以肯定，这种情况是违反自然的。再会。

论蔑视死亡

1. 你写信告诉我，你正在打官司，愤怒的对手一直在威胁你，你深陷焦虑不能自拔。你指望我劝你设想结果会很理想，也好在希望的诱惑中放下心来。的确，为什么必须去招惹麻烦呢？麻烦来了，只能忍受，但又何必认为麻烦一定会来，并在对未来的恐惧中而毁掉当下呢？就为了将来某个时候你可能会不快乐，而搞得自己现在不开心，确实是愚蠢的行为。

2. 但是我要通过另一条路来引导你获得心灵的平静：你想消除一切忧虑，就假定你所害怕会发生的事无论如何一定会发生。不管是什么麻烦，都要在头脑中衡量一下，估算一下你的恐惧有多深。这样你就会明白，你的恐惧要么微不足道，要么很快就会消失。

3. 你不需要花很长时间，就能收集很多能让你变得更强大的例证。每一个时代都会产生这样的例子。让你的思想邀游到罗马或外国历史的任何时代，你面前将出现许多著名的例子，其中有卓著的成就，也有奋发的努力。

官司输了，除了遭遇流放或锒铛入狱之外，还会发生什么更严重的事吗？还有比被烧死或被杀更可怕的命运吗？把这些惩罚一一列举出来，并想一想那些曾蔑视这些惩罚的人。不需要苦苦寻找，随便一选，就能找出很多这样的例子。

4. 鲁提利乌斯[1]接受了定罪的判决，仿佛他会恼火，只是因为不公正的判决。梅特拉斯勇敢地忍受了流放，鲁提利乌斯甚至欣然接受了流放。前者同意回来，只是因为祖国召唤他。而后者收到苏拉[2]的召唤，却拒绝返回，在那个年代，没有人敢对苏拉说"不"！苏格拉底在监狱里高谈阔论，哪怕某些人给他机会，他也不肯逃跑。他一直留在那里，好把人类从对死亡和监禁这两件最可怕的事情的恐惧中解放出来。

5. 穆丘斯[3]把手伸进了火里。烈火灼烧，疼痛钻心。但是，主动把这样的痛苦加在自己身上，痛苦只会更甚！他胸无点墨，没有受过任何

1　古罗马重要的政治家和军事将领。——译者注
2　卢奇乌斯·科涅利乌·苏拉，古罗马著名统帅，奴隶主贵族政治家。——译者注
3　古罗马人，以胆量过人著称。——译者注

智慧的教导，没有准备好面对死亡和痛苦，只有身为士兵的勇气而已。他是为自己徒劳的大胆而惩罚自己。他站在那里，看着自己的右手在敌人的火盆里被烧得面目全非，但是，哪怕白骨外露，他也没有收回那只正被烧焦的胳膊，最后还是敌人把火移开了。他或许可以取得更大的成就，但再也做不出比这更勇敢的行为了。看看吧，一个勇敢的人抓住危险，比一个残忍的人制造危险，要热情得多：波尔塞纳[1]更愿意原谅穆丘斯企图杀死自己，而穆丘斯却不愿意原谅自己没能成功杀死波尔塞纳！

6. "啊，"你说，"那些故事在所有的学校里早就传遍了。一讲到'藐视死亡'这个话题，你立刻就会讲起加图的事迹。"但为什么我不能告

1　古代托斯卡纳国王。——译者注

诉你关于加图的事，说他在最后一个光荣的夜晚，把剑放在枕边，还会读柏拉图的书？他为自己最后的时刻准备了两件必需品：第一，他有了死的意志；第二，他有了死的手段。他把自己的事都安排得井井有条，就像一个已经走到死亡边缘的人所准备的那样。他还认为自己应该确保无人有权杀死加图，也无权拯救加图。

7. 他拔出剑来（他一直珍而重之，所以长剑在最后时刻之前都不曾沾染过一点血迹），喊道："命运，你拒绝我所有的努力，却白费力气。直到现在，我一直在为祖国的自由而战，并非只为了寻求自身的自由。我不是固执地为自由而奋斗，我是为了生活在自由的人群中。现在，既然人类的事已经没有希望，就让加图撤到安全的地方去吧。"

8. 说着，他给了自己的身体致命一击。医生给加图包扎好，他虽然失了很多血，没有了力气，但勇气并没有减少。他现在不仅对恺撒，还对自己感到愤怒，于是赤手空拳击向自己的伤口，把曾经蔑视一切世俗权力的高尚灵魂驱逐了出去。

9. 我一一列举这些例证，并不是为了彰显才智，而是为了鼓励你去面对那些人们印象中最可怕的东西。我将用更容易的方式向你说明，不仅意志坚定的人会轻视灵魂走到终点的那一刻，某些人即便在其他方面相当怯懦，在这方面也极具勇气。以格涅乌斯·庞培的岳父西庇阿[1]为例，在逆风当中，他被吹回了非洲海岸，眼看着自己的船落入敌人的手中，于是他用长剑刺穿了自己的身体。听到有人问指挥官在哪里，他答道：

1　古罗马统帅和政治家。——译者注

"指挥官一切安好!"

10. 如此回答，他便达到了他祖先的高度，而命运在非洲给予西庇阿的荣耀并没有遭到玷污。征服迦太基是一个伟大的壮举，但征服死亡更伟大。"指挥官一切安好!"难道一个将军，尤其是加图这样的将军，不应该死吗?

11. 我不打算再讲历史故事了，也不打算收集古往今来鄙视死亡的人物的例子。毕竟这样的人物太多了。还是想想当下的人吧，有些人的无能和附庸风雅引起了我们的抱怨。还有各种阶层、各种命运、各种年龄的人，他们用死亡结束了自身的不幸。

相信我，卢西留斯，死亡并不可怕，甚至在死亡的协力下，我们更加无须惧怕任何事。

12. 因此，敌人威胁你，即便听到了也不必在意。良心使你自信。既然许多事情超出了你的控制范围，会对你的案件产生影响，那么，你就应当准备好接受公平正义，也要做好准备接受不公。首先要记住摒弃一切烦恼和困惑，看清所有事物的本质。到时候你就会明白，除了真正的恐惧，这些纷纷扰扰其实并不可怕。

13. 你所看到的发生在少年身上的事情也发生在我们身上，我们只是稍微大一点儿的少年而已。当他们所爱的人、每天交往的人和一起玩耍的人戴着面具出现时，少年们吓得魂不附体。我们不仅要剥去人脸上的面具，还要剥去事物的面具，使每一个物体恢复本来面貌。

14. "死亡和痛苦，汝等为何在我眼前高举刀剑、火焰，还招来一群愤怒的刽子手？把所有的虚饰都撇下吧，你们躲在那虚饰背后，吓唬傻瓜们！啊！你不过就是死亡，就在昨天，我的一个男仆和一个婢女还看你不起！你又为什么在我面前大摆鞭子和刑架？为什么要准备那些折磨人的机器，每台都可以折磨身体的几个部分？为什么要准备无数台把人撕成碎片的其他机器？把这些吓得我们瘫软无力的东西都扔了吧！而你，让受害者在刑架上被撕裂时发出的呻吟、哭喊和痛苦的尖叫安静下来吧！你不过是痛苦，患痛风的可怜人蔑视你，吃着美味佳肴的消化不良者忍受你，正在分娩的姑娘勇敢地承受着你。如果我能忍受，你就是微不足道的；即便我忍受不住，过程也很短暂！"

15.思考这些你常听、常说的话。通过结果来验证你的所听所说是否属实。人们常常对我们的学派提出一种极不体面的指责，说我们只会从口头上专注哲学，却从不注重实践。

什么，你到了这一刻才知道死亡悬于头顶，到了这一刻才知道自己有可能被流放，受尽磨难？你生来就是为了承受这些危险的。让我们把一切可能发生的事情都视为一定会发生吧。

16. 我知道你确实听从我的建议，做了该做的事。我现在要提醒你的是，不要由着灵魂湮灭在这些无足轻重的忧虑中。不然，灵魂就会变得迟钝，等到需要它出现时，它将萎靡不振。不要再理会你的案件，还是把思想转移到人的一般问题上来吧。告诉自己，我们渺小的身体非常脆弱，有朝一日还会死去，影响这具身躯的痛苦并非只起源于错误或强者的力量，还会来自其他方面。快乐会变成痛苦，饕餮美食会导致消化不良，纵酒作乐则带来肌肉的麻痹，感官习惯影响脚、手和身体的每一个关节。

17. 我可能身无分文，成为众多穷人中的一员。我还可能遭遇流放。那时，我将把自己的流放地视为出生地。他们还可能给我戴上枷锁。那又怎么样呢？我此时此刻难道就毫无拘束了吗？瞧，大自然把我拴在了这沉重的身躯上！"我要死了。"你说。你的意思是，"生病的危险离我而去，身陷囹圄的危险消失不见，死亡的危险也不再虎视眈眈"。

18. 我还不至于傻到在这个时候重提伊壁鸠鲁反复强调的论点，说恐惧在冥世毫无意义，说伊克西翁[1]并没有被绑在轮子上旋转，西绪福斯[2]不会推着石头上山，人的内脏不可能每天都长出后又被吃掉，没有人会幼稚到害怕刻耳柏洛斯[3]，害怕阴影，害怕那些只靠没有血肉的骨头维系的

---

1 希腊神话中的拉庇泰国王，因意图对赫拉无理，宙斯将他缚在旋转的车轮上，永远在冥土受罚。——译者注
2 在希腊神话中，他触犯了众神，被罚把一块巨石推上山顶，巨石太重，每每未上山顶就又滚下山去，前功尽弃，于是他就不断重复、永无止境地做这件事。——译者注
3 希腊神话中的地狱看门犬。——译者注

幽灵。死亡要么毁灭我们，要么剥夺我们的一切。我们若得解脱，待到重担卸下，还有更美的部分存在。假若我们被消灭，则什么也不会留下，好的坏的都被清除。

19. 在这一点上，请允许我引用你的一段诗，首先要表明的是，你写这首诗，既是为了别人，也是为了自己。心里想的是一回事，嘴上说的却是另一回事，这是不光彩的行为。手上写的是一回事，心里想的却是另一回事，则要卑鄙得多！我记得有一天你写了一句众所周知的老话：人不会突然陷入死亡，而是在逐渐地走向死亡。每过一天，我们距离死亡就更近一点儿。

20. 每一天，生命都会消失一点儿。即使在成长的过程中，生命也在衰退。我们失去了童年，少年和青年也相继离我们而去。即使算上昨天，所有过去的时间都已逝去。我们当下度过的每一天都在缩短我们和死亡之间的距离。水钟倒空，并非因为最后一滴水，而是所有先前流出的水所致。同样，带来死亡的，并非我们停止存在的最后时刻，那只是死亡过程的最后一步而已。我们在那一刻到达死亡，但长久以来，我们一直走在通往死亡的路上。

21. 你以你惯常的风格描述了这种情况（你的文字总是令人印象深刻，但从来没有比用适当的语言表达事实更尖锐的了）：

> 到来的死亡并非形单影只。
> 让我们消逝的死亡，只是最后的步骤。

我宁愿你读你自己的作品，而不是读我的信。这样你就会知道，我们所怕的死亡，其实是死亡的最后一步，却不是唯一的步骤。

22. 我知道你在寻找什么。你问我在信里写了些什么,有哪些智者鼓舞人心的言论,还有哪些有用的箴言。我将随信附上一些关于这个主题的内容。伊壁鸠鲁谴责那些既渴望死亡又害怕死亡的人。他说:"因为厌倦生活而奔向死亡实属荒谬,毕竟,你每天活着,就是在奔向死亡。"

23. 还有一句话是这样的:"寻求死亡着实荒谬,不过是因为害怕死亡,就失去了平静的生活。"还可以加上第三句同样的话:"人们是如此轻率,不,如此疯狂,以至于有些人因为害怕死亡而强迫自己去死。"

24. 无论你思考哪一种,都能增强你的心智,使你能忍受生与死。我们需要在两个方面得到警告和加强:不要过分热爱生活,亦不要过分憎恨生活。即使我们有理由终结生命,也不能不假思索、轻率地将这种冲动付诸行动。

25.勇敢而聪明的人不应该匆忙地从生活中撤退，而应该得体地退场。最重要的是，他应该克服那种控制了许多人的弱点，即对死亡的渴望。我亲爱的卢西留斯，就像心灵对其他事物有一种不加思考的偏好一样，你对死亡也有着不加思考的倾向。最高尚、意志最坚定的人，以及懦弱、卑贱的人，都常受此困扰。前者鄙视生活，后者则厌恶生活。

26.另一些人做同样的事做多了，看同样的事看多了，也会如此。这与其说是出于对生活的憎恨，不如说是他们厌倦了生活。我们会陷入这种境地，而哲学却把我们往前推。我们说："同样的事，我还要忍受多久呢？我要继续醒了睡，饿了吃，冻得发抖又热得出汗吗？凡事都没有尽头。所有的事物彼此关联，形成了循环。在逃跑的同时又在追赶。黑夜紧跟着白昼，白昼在黑夜后接踵而至，夏去秋来，秋去冬至，冬天渐暖，进入春日。自然界中的一切都是这样，过去后还会再回来。我做的事并不新鲜，看到的事也不新鲜。或迟或早，人只会厌倦这一切。"有许多人认为活着并不痛苦，只是有些多余。再会。

论愉快地迎接死亡

1. 别再对我们一直渴望的东西抱有渴望了。至少，我本人正在这么做。人到晚年，我已对儿时的渴望失去了兴趣。我夜以继日，努力实现这一目标。这是我的任务，也是我思考的焦点，力图根除长期以来困扰我的难题。我努力把每一天都当作完整的一生来度过。我不会把每一天当成人生的最后一天，紧紧抓住不放。然而，我确实会随时准备着把每一天都视作人生的最后一天，对它珍而重之。

2. 我写这封信时，总觉得写着写着，死亡就

134

会将我唤走。我已经准备好离开这个世界，并且不会因为死亡将在未来某一天到来而过度焦虑，我将好好享受人生。

步入老年之前，我努力地好好生活，如今我垂垂老矣，便尽力体面地迎接死亡。但是，要体面地迎接死亡，就意味着愉快地迎接死亡，确保自己做任何事都不勉强。

3. 若心有不甘，死亡也会成为负担，可若能心甘情愿地接受，它就不再是负担。我想说的是：一个人若能欣然接受他人的命令，就能摆脱受奴役的命运中最痛苦的部分，即做自己不愿意做的事。按照他人的命令去做事，并没有什么不快乐的。人之所以心生不快，是因为要做自己不愿做的事。因此，我们应该调整心态，欣然接受外界对我们的要求，尤其是能够不带一丝悲伤，平静地思考生命的终结。

4. 我们必须先做好准备迎接死亡，然后才能准备生活。生活本身已经足够丰富，但我们过于贪婪，什么都想抓在手中。我们总觉得缺少什么，而且这种不足的感觉一直存在。我们是否活得足够长久，并不取决于我们的年岁，而是取决于心态。我亲爱的朋友卢西留斯，我活得足够久了，并且心满意足，现在，我在等待死亡的降临。再会。

论本质

1. 我们的语言实在不足，不，应该说是极为匮乏，直到今天我才彻底明白这点。我们碰巧在谈论柏拉图，于是就有成百上千的主题需要讨论，这些主题需要名字，却没有名字。我们的语言中也有一些词语，但由于我们过分挑剔用法，这些词语便消失了。然而，词汇如此贫乏，谁又能挑三拣四呢？

2. 有一种被希腊人称为"牛虻"（oestrus）的昆虫，它们能把牛逼疯，让牛在牧场里乱跑乱窜。在我们的语言中，它曾经被称为 asilus，你可能会相信维吉尔的权威说法：

　　在西拉鲁斯附近的树林，也在阿尔伯纳
斯的阴影处，

　　有一种昆虫飞来飞去，它们如橡树般
翠绿，

　　罗马人称之为 asilus，而在希腊语中，

　　这个名字被译为 oestrus。

　　它飞行的声音粗哑刺耳，

　　惊得兽群在树林里狂奔。

　　3. 对于这个已经不再使用的词，这就是我的
推断。而且，为免你等太久，现在有一些简单的
词，比如 cernere、ferro、interse，而这也再次得
到了维吉尔的证明：

诞生在不同土地上的伟大英雄们来到了
这里，

用剑平定一切。

我们现在用 decernere 这个词来表示"解决
问题"。这个普通的词已经过时了。

4. 古人在条件从句中用 iusso 代替 iussero。
你不必相信我的话，但可以再次相信维吉尔：

其他士兵将与我开战，

我亦将奋力一战。

5. 我列举这些例子，并不是要说明我花费了
多少时间钻研语言。我只是希望你能明白，恩尼

乌斯[1]和阿丘阿斯[2]的作品中有多少词，已经随着岁月的流逝而不复使用了。即使是维吉尔，每天都有人在探索他的作品，他使用的一些词也从我们身边消逝了。

6. 想来你会说："你说这样一篇开场白，有什么目的，又有何意义？"我不会让你蒙在鼓里的。如果可能的话，我希望对你说 essentia（本质）这个词，也希望在你听后得到你的好评。若不能如愿，即使会使你不高兴，我也只能冒险这么说了。我认为西塞罗是使用这个词的权威，我认为他确实是很有影响力的权威。若你想要一些近期的证据，那我会提到法比亚努斯，他说话谨慎，有教养，得体优美，很适合我们高雅的品

1　古罗马著名诗人。——译者注
2　古罗马剧作家和诗人。——译者注

位。我们能做什么呢，亲爱的卢西留斯？我们怎么能找到一个词来形容希腊人所说的 οὐσία？这个词不可缺少，是一切事物的天然基础。因此，我请求你允许我使用"本质"这个词。尽管如此，我还是会尽我所能，尽可能省事地行使你赋予我的特权。也许只是因为有了这种特权，我就该心满意足了。

7. 然而，你瞧，若是我无法用拉丁语表达这个词的意思，你对我的包容又有什么好处呢？这个词给了我一个机会来抱怨我们语言的贫乏。当你发现有个音节的单词我翻译不出，就会更加谴责我们罗马太过狭隘。"这是什么？"你会问。它是单词 ὄν。你肯定认为我才疏学浅，并相信这个词随手可得，可以翻译成 quod est。然而，我注意到一个很大的区别。你在逼我用动词来形容名词。

8.但是，若必须这样做，我还是喜欢用 quod est 这个词来表示。我有个朋友非常博学，他今天提到，柏拉图用了六种方式来表达这个概念。我将一一向你解释，但首先，我要说明一下 genus（属）和 species（种）。

就目前而言，我们要探索属的基本概念，而不同的种则从属于属，所有分类都依此进行，普遍概念都包含在这个术语下。从细节推断，就可以得出属的概念。这样我们就可以回到最初的概念了。

9.正如亚里士多德所说，"人"是一个种。"马"或"狗"也是如此。因此，我们必须为所有这些术语找到共同的联系，这种联系既包含它们，又能使它们属于自身。这个共性是什么？那就是"动物"。于是开始有了"动物"属，其中包括"人""马"和"狗"等所有术语。

10. 但是，有些东西虽然有生命（anima），却不是动物。世人一致认为植物具有生命，因此，我们才说它们有生也有死。生物一词具有更高的地位，动物和植物都被包括在这一范畴之内。然而，某些物体是没有生命的，岩石就是如此。由此，还有一个术语优先于生物，那就是物质。我会把所有有生命或无生命的东西都归入物质一类。

11. 但还有比物质更高级的东西，因为我们说有些东西有实质，有些东西则没有实质。那么，该用什么词来形容这些东西呢？我们最近给它起了一个并不恰当的名字，叫存在之物。用这个名词，就可以将它们划入种的范畴，那我们就可以说：存在之物要么有实体，要么没有实体。

12. 这就是 genus（属）这个词的含义，即最初的、原始的,(若玩弄字眼的话)还有一般之意。当然还有其他的 genera(种,类),但这种种类都很"特殊",例如"人类"就是一个属。"人"包括不同的"种类",按照种族可分为希腊人、罗马人、帕提亚人,按肤色分为白色人种、黑色人种和黄色人种。"人"也包括个体,比如加图、西塞罗或卢克莱修。因此,"人"是一个"属",包含很多种类。但就它从属于另一个术语而言,它又属于"种"的范畴。存在之物这个属普遍而广泛,并没有高于它的名词。它是事物分类的第一项,所有事物都包含在它之下。

13. 斯多葛学派率先使用的另一种 genus 甚至更为基本。关于这一点,我很快就要谈到。但在此之前,我要先证明上面讨论过的"属"被放在第一位是有理由的,因为它本来就能够包括一切。

14. 我把存在之物分成两类，即有实体和没有实体。没有第三类。此外，我如何区分"物质"呢？那就是它包括有生命之物和无生命之物。我如何区分有生命之物呢？那就是"有些东西是有思想的，而有些东西只有生命"。或者可以这样表达："某些东西具有运动、进步和改变位置的力量，而另一些则扎根于地面，只能靠根进食、生长。"同样，我为什么把"动物"按"种"划分？一种是会腐烂的，另一种则是不会腐烂的。

15. 斯多葛学派的一些学者认为某种东西属于原始属。我还要介绍一下，他们如此认知，也是出于自己的信仰。他们说："在自然的秩序中，有些东西存在，有些东西不存在。甚至那些不存在的东西其实也是自然秩序的一部分。这些东西会很容易在人的头脑中出现，例如人马怪、巨人和所有其他匪夷所思的虚构之物，它们开始有了明确的形状，尽管实体还很模糊。"

16. 但现在我要回到我答应过要和你讨论的主题了，即柏拉图将所有存在的事物分为哪六类。第一类存在之物，不能用视觉、触觉或任何感官来感受，但通过思想是可以感受到的。任何普遍的概念，例如人这个一般概念，都不在眼睛可视的范围之内，比如西塞罗和加图。动物一词也是眼睛看不到的，只能经由思想来感知。然而，有一些特殊的动物是可以被看见的，比如马、狗。

17. 柏拉图认为，第二类存在之物非常突出，较之其他一切事物都更为显眼。他说，这类东西可以说是卓越的。诗人一词在使用时没有加以限制，因为这个词适用于所有的诗歌作家。但在希腊人中间，它成了某一个人的显著标志。当你听到人们说起诗人二字，你就知道他们指的是荷马。那么，这个卓越的存在是什么呢？当然是指神明，比任何人都更伟大、更强大的神。

18. 第三类是由那些通过恰当感官感受的事物。它们数量众多，可谓不计其数，却位于我们的视线之外。"那是什么？"你会问。可以说，它们是柏拉图自己的惯常见解，他称之为理念，所有可见的事物都是由理念创造出来的，所有的事物也都是根据它们的模式形成的。它们不朽，不可被改变，亦不可被侵犯。

19. 这个理念，或者更确切地说，柏拉图对其所下的概念是这样的："理念是由自然创造的事物的永恒模式。"我将就这个定义进行解释，以便让你更清楚地了解该概念：假设我想为你画一幅肖像，这幅画的模式就存在于你的身上，而一定的轮廓浮现在我的大脑中，并体现在作品中。那么，给我指示和指导的外表，让我模仿的模式，就是理念。自然界拥有无数这样的模式，人、鱼、树……自然界所创造的一切都是根据它们的模式而形成的。

20. 第四类是形式。你想知道形式是什么意思，就必须密切注意，这个主题之所以具有难度，原因在柏拉图，而不在我。要做出细微的区分，就不可能不遇到困难。刚才我用画家做了示例。画家想要再现维吉尔的色彩，应该仔细看看维吉尔本人。理念是维吉尔的外表，这是要作画的模式。画家从这种理念中汲取并体现在自己作品中的东西，就是形式。

21. 你会问我："区别在哪里？"前者是模式，而后者则是从模式中提取的形状，体现在作品中。画家遵循前者，但创造后者。雕塑有一定的外观，这种外观就是形式。而模式本身也有一定的外观，雕塑家通过凝视外观来塑造雕塑，这就是理念。你若要进一步区分，我会说形式在艺术家的作品中，理念在他的作品之外。此外，它不仅在作品之外，还先于作品。

22. 第五类由通常在感知上存在的事物构成。这些是直接与我们有关的事情，比如人、牛和其他事物。第六类是所有虚幻的东西，如虚空或时间。

凡是可以被看到或触摸到的东西，柏拉图并不将它们列入他所相信在感官上严格存在的范围。这些是直接与我们有关的东西，比如人、牛和其他事物。它们处于不断变化的状态，不断减少或增加。人在年老时和年轻时有着很大的区别，在今天和明天也不一样。我们的身体如奔流之水快速变化，每一个可见的物体都伴随着时间的流逝而变化着。我们所看到的事物，没有什么是固定不变的。即使是我自己，当我评论这种变化时，也是在变化的。

23. 这正是赫拉克利特所说的："我们两次进入同一条河流，但实则河流早已不是同一条。"这条河的名字虽然没有变化，但水早就流走了。当然，这一点在河流中比在人类身上表现得更为明显。然而，我们凡人也以同样快的速度消逝。让我惊诧的是，我们对肉体的快速消逝竟然如此激动，甚至癫狂，害怕有一天会死去，毕竟每过去一刻，前一刻的自己都已经死亡。你以为有些事只会发生一次，但其实每天都在发生，你会不会不再害怕了？

24. 物质会消逝，受各种各样的影响，人也是这样。宇宙也一样，它虽然是不朽和永恒的，却也在变化，不会永远一成不变。它所拥有的一切都在它自身之内，但此刻拥有的方式也与前一刻不同，排列布置也都在不停地变化。

25. "很好，"你说，"我从这些精彩的推理中能得到什么好处呢？"如果你想让我回答你的问题，那答案是"没有好处"。然而，就像雕刻师在眼睛长期处于紧张和疲倦的状态时会让双眼休息休息，并"款待"它们，我们有时也该放松一下思想，娱乐一下，让其重新振作。让娱乐也成为工作，那么从这些不同的娱乐形式中，只要留心，你就能选择一些有益健康的东西。

26. 我有个习惯：我试图从每一个思想领域中提取一些有用的元素，哪怕这些领域与哲学风马牛不相及。还有什么比我们一直在讨论的话题更不可能改变性格的呢？柏拉图的理念如何能使我成为一个更好的人呢？我能从那些理念里学到什么来控制自身的欲望呢？也许正是一个想法，即所有这些服务于我们的感官、唤醒和激励我们的事物，也是被柏拉图视为并非真实存在的事物。

27. 因此，这些事物是想象出来的，虽然它们暂时呈现出某种外在的表象，却绝不可能永恒存在，也不具有实体。然而，我们渴望它们，好像它们永远存在，好像我们永远拥有它们。

我们很软弱，立身于虚幻之中。所以，还是把思想转移到永恒的事上吧。让我们仰望万物的理想轮廓，它们高高在上，轻快地移动；让我们仰望神明，他在万物中活动，并计划如何保护那些他不能使之不朽的东西免于死亡。由于没有实质，则可以通过理性来克服肉身的缺陷。

28. 事物能常存，不是因为其本质可以持续存在，乃是因为受到了掌管万物之主的保护。但是，不朽的东西不需要守护。造物主用自己的力量来克服它们的弱点，保护它们的安全。这让我们鄙视一切微不足道的东西，以至于我们怀疑它是否存在。

29. 同时，让我们思考一下，看一看被神明拯救的、免于像我们一样遭受灭亡的世界，怎样使它脱离危险。只要我们有能力控制和制止那些使大多数人灭亡的享乐，那么在某种程度上，我们自己的神明就可以让我们渺小的身体在尘世中停留更久。

30. 柏拉图自己也是在艰苦中步入了老年时代。当然，他很幸运，拥有强健的身体（他因为拥有健壮的胸膛而得名）。但他的体力因海上航行和极其危险的冒险而大大受损。然而，他生活俭朴，节制一切能引起食欲的东西的摄入，并严于律己，尽管有许多障碍，他还是活到了高龄。

31. 我敢肯定一点：柏拉图很幸运，多亏了他精心安排的生活，才能在 81 岁生日当天去世。因此，当时恰好在雅典的东方智者在他死后向他献祭，认为他的寿命对凡人来说太过圆满了，实现了九乘九的完美数字。我毫不怀疑，他会非常愿意从这个总数中放弃几天，做出牺牲。

32. 俭朴的生活能使人活到耄耋。在我看来，不可拒绝衰老，正如也不可渴望衰老。只要一个人让自己有资格享受老年生活，那么尽可能长时间地独处就是一种乐趣。因此，我们必须判断的问题是，人是否应该逃避极端的衰老，是否应该人为地加速死亡，而不是等待死亡的到来？在懈怠中等待死亡的人与懦夫无异，就像他嗜酒如命，把酒瓶喝干，连酒渣也吸干一样。

33. 但我们也要问一个问题："假如心灵未受

损害，感官仍然健全可给精神以支持，身体没有衰老，没有过早死亡，那么，生命的尽头是渣滓，还是最清晰、最纯净的部分？"一个人是在延长生命，还是在延长死亡，其中存在着很大的区别。

34.但是，如果身体失去了正常的功能，为什么不应该让挣扎的灵魂获得解脱呢？也许人应该在债务到期之前做这件事，以免当债务到期时，他已经无力去做。既然生活在痛苦中的危险比很快死去的危险更大，那么不肯冒险用一点儿时间去换取巨大收益的人就是傻瓜。

很少有人能安然无恙地度过耄耋之年并走向死亡，而许多人只是躺在那里，一无是处。那么，你认为失去一部分生命，比失去结束生命的权利要残酷得多吗？

35.听我说这些话，不要有任何勉强，好像我的话是直接针对你的，但也要掂量一下我要说的话。那就是，我不会放弃老年，只要老年能保全我，而且保全的是更好的部分。但是，如果老年开始粉碎我的心灵，使我的各种能力分崩离析，如果它留给我的不是生命，而是苟延残喘，那我就会冲出这所摇摇欲坠的房子。

36. 我不会以死来逃避疾病，只要这种疾病可以被治愈，还不妨碍灵魂。我不会因为痛苦就对自己施暴，因为在这种情况下，死亡就是失败。但是，如果我发现必须一直忍受痛苦，我就会选择死亡，不是因为痛苦，而是因为它构成了妨碍我生活的一切理由。为痛苦而死的人是弱者，是懦夫。但是，仅仅为了勇敢地熬过痛苦就坚持活着，也非常愚蠢。

37. 这封信太长了。再说，我还有其他事要去处理。如果一个人连信都写不完，又怎么能结束自己的生命呢？所以，再会吧。你读这最后一句话，会比读我所有关于死亡的论述更欢快。再会。

论老年和死亡

1. 最近我同你说过，我的一只脚已经步入了老年。可现在恐怕我已把老年抛在了身后。对于我现在的年纪，至少对于我的身体状态，可能需要用另一个词来形容。所谓老年，指的是人生走到了疲惫的阶段，但尚未开始崩溃。至于我，我已筋疲力尽，到了生命的终点。

2. 尽管如此，我仍要感谢自己，并请你做见证。随着年龄增长，我的身体日渐衰弱，但我觉得自己的思想并未受到荼毒。只是我的恶习以及助长这些恶习的外在环境变得衰老了。我的思想依然强健，并为自己与身体的联系越来越少而欣喜万分。我的思想卸下了大部分的负担。它机敏警惕，在老年这个问题上与我产生了分歧，它宣称，思想进入老年，则是进入了盛放期。

3. 让我相信它的话，并由着它充分利用它所拥有的种种优势吧。我的思想要求我进行思考，考虑一下我能拥有平静的心灵和温和的性格，智慧占了多少功劳，年龄又占了多少功劳，它还要求我仔细区分什么是我不能再做的，什么是我不愿再做的……[1] 如果那些注定会终结的能力开始衰退，我们为什么要抱怨，并将其视为不幸呢？"但是，"你说，"最大的不幸在于逐渐衰弱并最终消逝，或者更准确地说，是一点点消失！我们

1　原文缺失，无法恢复。根据这封信论证的方向，表述可能是：能不做我不想做的事，与能做任何让我愉悦的事，对我来说同样有益。——原书注

从来都不是突然被击倒的，而是一点点被消磨殆尽，每一天我们的力量都有所减少。"

4. 但是，一旦生命被上天解开了缆绳，还有什么比悄然驶向属于自己的港湾更好的结局呢？这并不是说骤然离世是莫大的痛苦，只是缓慢退场比较轻松而已。假如终极的考验近在眼前，假如那一天即将到来，届时我一生的成败都将有所定论，那么，我会审视自己，并这样与自己对话：

5. "迄今为止，我们说了什么话，做了什么事，都是无足轻重的。这一切不过是灵魂做出的承诺，微不足道又十分虚伪，还具有欺骗的意味。我将下放权利给死亡，让它来评判我都实现了什么样的进步。因此，我毫不畏惧地准备迎接那一天，而当那一天真正到来时，我将抛开所有舞台的技巧和演员的伪装，向自己发出提问：我是否只是在信口开河，还是真正有感而发？我大胆地对抗命运，口吐豪言壮语，那是否只是虚浮的托词，荒唐的闹剧？

6. "不要理会世俗的评价。人们的观点向来摇摆不定，总是一会儿说你好，一会儿说你不好。抛开你一生追求的研究吧，死亡将为你做出最终的裁决。我的意思是：哪怕辩才一流，出口成章，哪怕通晓智者教诲中的箴言卓见，哪怕谈吐文雅，还是无法证明灵魂的真正力量。即使是最怯懦的人也能发表大胆的演讲。过去的所作所为，只有在你咽下最后一口气时才会显现出来。我接受这些条件，亦不会回避最终的裁决。"

7. 这些话是我对自己说的，但我希望你也能当这番话是对你讲的。你比我年轻，但这又有什么关系呢？我们在世的时间并没有固定的计算方式。谁也拿捏不准死亡在何处等待，所以，时刻准备着吧。

8. 信到这里就差不多了，我已经准备好写结语。但仪式尚未完成，还需要为这封信支付"旅费"——照例附赠一条格言。即便我没有说明打算从哪里借这笔"钱"，你也清楚我依靠的是哪位智者的"宝库"。你若能等上一会儿，我也许会从自己的账户里拿出格言来与你分享。与此同时，伊壁鸠鲁借给了我一些话："思考如何死亡"，或者你更喜欢另一个说法："思考如何迁往天堂"。

9. 这些话的意义清楚明了：对死亡有彻底的了解，是一件很了不起的事。你可能会觉得，这样的课题一辈子只用应对一次，没必要去了解。但恰恰出于这个原因，我们才应该思考。如果永远无法证明自己是否真正了解一件事，就必须不断地学习。

10. "思考如何死亡。"他这么说,其实是在让我们思考自由。了解死亡的人,便忘记了受奴役,他们超越了一切外在的力量,至少不再受其束缚。对他们而言,监狱、枷锁和铁窗还有什么可怕的呢?他们的出路是清晰的。只有一条锁链将我们与生命绑在一起,那就是对生命的热爱。这条锁链或许无法被彻底斩断,但它会被一点点消磨掉。因此,一旦有必要,就没什么能构成障碍,阻止我们做好准备,准备好立即去做我们终将要做的事。再会。

论生命的质量与长度的对比

1. 我在信中读到你哀叹哲学家梅特纳克斯的离世，好像他本来可以，而且确实应该活得更久一些。我注意到，你秉持着公正的精神讨论人和事，在一个问题上却缺乏这种精神。其实，我们所有人都是如此。换句话说，我注意到许多人公平地对待他的同胞，但没有一个人公平地对待神。我们每天都在抱怨命运，说："A 的事业发展很好，却去得这么早，为什么死的不是 B？他已垂垂老矣，却偏偏活了这么久，而这对他自己和别人都是一种负担。"

2. 但是，请告诉我，你认为你服从自然更公平，还是自然服从你更公平？一个你迟早要离开的地方，和你需要多久离开又有什么关系呢？我们应该努力，不是为了活得长久，而是为了活得精彩。要得长寿，你只需要好运；但要活出精彩，则需要拥有灵魂。充实的一生才是真正长久的人生。但是，只有当灵魂赋予自己应有的善，也就是说，只有当灵魂能够控制自己时，生命才能充实。

3. 老人在无所事事中活到了 80 岁，又有什么好处？像他这样的人没有活过，他只是在生活中停留了一段时间罢了。他也不是死得太晚，只是用了太长的时间去死罢了。他活了 80年吗？那要看从什么时候开始计算他的死亡日期！

4. 而你的朋友在盛年就离你而去。但他履行了一个好公民、好朋友、好儿子的所有义务，他在任何方面都没有做得不好。他的年龄可能不完整，但他的生命是完整的。另一个人活了80年吗？不，他只是存在了80年，除非你所说的"他活过"和我们说一棵树"活着"的意思一样。

亲爱的卢西留斯，让我们祈祷吧，生命能像价值不菲的珠宝一样，贵重在于精度，而非重量。让我们用表现来作为衡量的标准，而不去在意持续的时间。一个坚强的人蔑视命运，经历了人生的每一场战役，并达到了人生的至善，还有一个人虚度光阴，你知道他们之间的区别在哪里吗？前者甚至在死后依然存在，后者甚至在死亡降临前就已然死了。

5. 所以我们应当赞美那些善用上天分配给他们的时间的人，不管时间有多少，因为这样的人见过真实之光。他们并不是普通大众中的一员。

他们不仅活过，还活得非常精彩。有时他们喜欢晴朗的天空。有时，正如经常发生的那样，只有透过云层，才能看到那颗巨大的星星的光辉。你为什么问："他活了多久？"他依然活着！他们也把自己托付给了记忆监护，所以子孙后代记得他们。

6. 然而，出于这个缘故，我不会拒绝多活几年。即使生命缩短，我也不会说我缺少了幸福生活所必需的任何东西。我没有打算活到我贪婪的希望所应许我的最后一天。不，我把每一天都当作最后一天来看待。为什么要问我的出生日期，为什么要问我是否依然觉得自己年轻？我拥有的，都属于我。

7. 正如身材矮小的人可以成为完人一样，短暂的人生也可以是完美的人生。年龄属于外在事物。我能活多久不是我能决定的，但我能以什么样的方式活多久，则在我的掌控之中。你唯一有权要求我做的事，就是让我停止把年龄视为不光彩的东西，仿佛它是什么阴暗之物，并投入生活中去，不被过去的生活裹挟。

8. 你会问，完美的人生是什么样的？拥有了智慧，生活才真正开始。获得智慧的人并非到达了最远的地方，而是实现了最重要的目标。这样的人确实可以大胆地欢欣鼓舞，感谢神明，是的，也要感谢他们自己。他们可以把自己看作大自然的债主，因为他们活了下来。他们确实有权这样做，因为他们归予自然的人生比得到的人生更美好。他们树立了好人的典范，展现了好人的品质和伟大之处。若能再多活一年，他们也会过得和过去一样。

9. 然而，我们能活多久呢？我们体会过了解宇宙真相的快乐。我们知道自然从何而生，自然怎样安排宇宙的运行，用什么连续的变化让春夏秋冬轮转，如何终结所有曾经存在的事物，并确立自己是自身存在唯一可能的终结者。我们知道，星辰靠自身运转，除大地外，没有任何物体是静止的，而所有其他物体都在以不间断的速度快速运行着。我们知道月亮如何超越太阳，为什么慢的会把快的甩在后面，月亮的光辉来自何处，又为什么变暗，为什么会有黑夜，白昼为什么还会再次出现。去你必须去的地方，在那里你可以更仔细地观察这一切。

10. "然而，"智者说，"我并没有因为这个希望而更加勇敢地死去。我判断，在我面前通向我自己的神的道路是平坦的。我确实得到允许可以接近他们，而且实际上已经和他们在一起了。我把我的灵魂交给他们，正如他们也把灵魂交给我一样。但假设我完全毁灭了，死后没有任何东西留下，可我的勇气丝毫不减，即使当我离开的时候，我的道路将通往虚无。"

"但是，"你说，"他没有活到他应该活到的年龄。"

11. 有些书虽然字数很少，却令人钦佩，叫人受益匪浅。可也有些书，比如塔西佗《编年史》，你知道这本书有多厚，也知道人们是怎么评价它的。某些人长寿的情况像极了塔西佗《编年史》!

12. 你认为在竞赛最后一天被杀的战士比在庆祝活动半程就死去的战士更幸运吗？你相信有人会如此愚蠢地贪生怕死，宁愿在更衣室里被人割断喉咙，也不愿在环形竞技场里死去？有人先死，有人晚一些，两者相差的时间不过如此。死亡会找上每一个人。被杀的人死去，杀死他的人很快也将不复存在。毕竟，人们如此关心，且在不停讨论的，只是一件微不足道的小事。有些事避无可避，你躲得再久，又有什么用呢？再会。

论节约时间

　　在写完《论生命之短暂》7年多后，塞涅卡在他的《道德书简》中又谈到了如何充分利用时间，这时的他已经在一定程度上退出了政坛。《道德书简》这部杰作包含了一系列塞涅卡写给朋友鲁基里乌斯（也许是虚构的）的信件。和塞涅卡一样，鲁基里乌斯也很富有，是尼禄政权中的一名政客。第一封信强调了时间的价值，表明了时间在塞涅卡心中的重要性，这封信的全文翻译如下。塞涅卡在写这封信时，他的朋友似乎刚刚来信谈到要辞去职务，以便腾出更多的时间。两人此时都已60多岁，意识到人生已经时日无多。

1. 就该这样做，鲁基里乌斯，为自己争取时间，弥补到目前为止被偷走的、被抢走的，或者从你手中溜走的时间。你要相信，正如我所说，有些时间从我们身边被夺走了，有些被挪作他用，还有一些溜走了。但是，漠视时间，才是浪费时间最恶劣的方式。事实上，只要你密切关注就会发现，对一事无成的人来说，生命中绝大部分时间已经逝去；对无所事事的人而言，大部分时间都已虚度；而对那些做了不该做的事情的人来说，则是荒废了一生。

2. 你能告诉我有谁清楚时间的价值、珍惜每一天、知道自己每天都在迈向死亡吗？如果我们认为自己是在展望死亡，那就错了，因为死亡的进程已经过去了一大半。过去的时间都掌握在死亡手中。

所以，照你信里说的去做吧，鲁基里乌斯，好好利用每一个小时。把今天掌握在手中，对明天的依赖就会减少。拖延时间，便是在浪费生命。

3. 唯有时间属于我们，鲁基里乌斯，此外，我们一无所有。自然把时间赋予我们，而它却如此难以把握、稍纵即逝，任何人都可以将它夺走。凡人是多么愚蠢，允许自己为了所获得的各种琐碎、无关紧要的东西付出代价，这些东西即便失去也很容易找到替代品，却没有哪个人认为自己应该为得到的时间付出什么。然而，这是唯一一个即便是慷慨的人也无法偿还的馈赠。

4. 也许你会问我，我说了这么多大道理，那我做得又怎么样呢？我可以坦白地告诉你，我既挥霍无度又精打细算，所以可以做到收支平衡。我不能说自己没有挥霍过时间，但我要告诉你挥霍时间的原因，以及把时间都挥霍到了哪里，还会如实相告我的时间为何如此匮乏。不过，我的处境跟许多人一样，并非因为自己的过错而落入时间贫乏的境地，每个人都对我们表示同情，却没人帮得上忙。

5. 那还有什么好说的？如果人们认为自己掌握的那点时间已经足够，那我就不会觉得他们匮乏。而至于你，我希望你能留住属于你的时间，从现在开始还为时不晚。因为正如前人所说："只剩下了渣滓，再去节省就太迟了。"最后的一点残渣不仅少，还最差。再见。

致鲁基里乌斯：论生命之短暂

　　《道德书简》保存下来的 128 封信中，多以时间为主题，并且谈到死亡在逐渐逼近，必须对时间珍而重之。下文是关于时间的又一次讨论，翻译自第 49 封信的节选[1]片段（略多于一半）。这封信是塞涅卡写给鲁基里乌斯的。写这封信前，两人一同旅居在坎帕尼亚，后来鲁基里乌斯先行离开，塞涅卡为他送行。看语气，这封信似乎是塞涅卡

1　仅选取了 2 至 11 节。——编者注。

在朋友离开后不久写的。

2. 感觉你仿佛刚刚才离开。回忆往事，有什么不是"刚刚"才发生的呢？就在刚刚，我还是个孩子，坐在哲学家索提翁[1]的脚边。就在刚刚，我开始为法律案件辩护。就在刚刚，我不想再做辩护；而就在刚刚，我没有资格再做辩护了。光阴似箭，尤其当人们回首往事时，这一点就更为明显了。人们沉迷于当下时，是觉察不到时间流逝的。如此可见，光阴飞逝，竟是如此细微难察。

3. 你想知道这是为什么吗？因为所有逝去的时光都是一个整体，它们有着统一的面目，葬于同一座坟墓，坠入同一个深渊。而且，一件总体

---

1   古罗马帝国时期新毕达哥拉斯主义学派哲学家。——译者注

上那么简短的事情不可能有太长的间隔。

我们一生的时光只不过是一瞬，甚至比一瞬还要短暂。然而，即便这短暂的一瞬也会遭到自然的嘲弄，让我们误以为这是一段很长的时间。她把人的一生分成了婴儿时期、童年时期、青春期，从青春到中年，以及老年。一生的时间如此短暂，她却将它分成了这么多阶段！

4.我刚刚护送你踏上旅程，然而这"刚刚"占据了我们人生的一大部分，我们应该意识到人的一生是短暂的，很快就会耗尽。

过去，我并不觉得时间流逝得那么快。而现在，它的步伐快得令人难以置信。或许是因为我感到了生命的终点正在靠近，又或许是因为我意识到了，并且开始计算自己失去了多少时光。

5.这就是为什么看到有些人在短暂的生命中浪费大把的时间去追求空洞的目标，我会格外生气。时间如此短暂，即使小心地加以利用，去做需要做的事，都还不够。

西塞罗说，即使他的寿命加倍，他也没有足够的时间去欣赏抒情诗人的大作……

6. 你为什么要用这种问题来折磨自己并为之烦恼呢？对于这种问题，与其去解决，不如将其丢在一边，这才是明智的做法。这是那些无忧无虑的人该关心的问题，他们悠闲自在地前进，探索着细枝末节。等到敌人追上来了，士兵会奉命去作战。情势迫在眉睫，在平静和悠闲中所构筑的一切都将不复存在。

7. 我不再有时间去分析模棱两可的表达，我的智慧无须经受这样的测试。

看哪，民众聚集，城门紧闭，

刀剑已然磨利。[1]

四处都能听到战争的喧嚣，我需要坚强的意志方能抵挡。

8. 如果连老人和妇女都在搬运石头加固城墙，年轻人拿起武器在城门内等待着，不，是在请求发出进攻的信号，当敌人挥舞手中的武器进攻木头做的城门，当地面因为地下挖出的坑道而震动时，我却悠闲地坐在那里提出一些模糊的小问题……那每个人都会觉得我疯了，而且他们有理由这么认为。

9. 我没有时间做这种傻事，我手头有重要的事情要去处理。

我该怎么办？死神在后面追赶，而生命却在

1　引自维吉尔的作品《埃涅阿斯纪》。——译者注飞逝。告诉我如何能挽救这种局面？

10. 让我不再逃离死亡，让生命也不再远离我。让我有勇气应对困难，给我冷静的心态去面对早已注定的结局。拓宽我那短暂的一生吧。请告诉我，生命的美好贵精不贵长。告诉我，一个人就算活得久，真正活过的时间却很少——这样的事情会发生，而且经常发生。当我去睡觉时告诉我："你可能不会再醒来。"而当我醒来时告诉我："你可能再也没机会睡觉了。"当我出门时告诉我："你可能回不来了。"而当我回来时告诉我："你可能再也不能离开了。"

11. 如果你认为只有在海上，生死才相隔一线，那就错了。在任何地方，生与死都只有一步之遥。

新
流
xinliu

产品经理 _ 王曼卿　特约编辑 _ 王静　营销经理 _ 李佳　郭玟杉

封面设计 _ abookcover　出版监制 _ 吴高林

流动的智慧　永恒的经典

图书在版编目（CIP）数据

如何过好这短暂的一生 /（古罗马）塞涅卡著；刘
勇军译 . -- 沈阳 : 万卷出版有限责任公司，2025. 7.
ISBN 978-7-5470-6805-2

I . B821-49

中国国家版本馆 CIP 数据核字第 2025HW4769 号

出 品 人：王维良			
出版发行：万卷出版有限责任公司			
（地址：沈阳市和平区十一纬路 29 号　邮编：110003）			
印 刷 者：凯德印刷（天津）有限公司			
经 销 者：全国新华书店			
幅面尺寸：105 mm×148 mm			
字　　　数：100 千字			
印　　　张：3.125			
出版时间：2025 年 7 月第 1 版			
印刷时间：2025 年 7 月第 1 次印刷			
责任编辑：王　越			
责任校对：刘　瑶			
封面设计：abookcover			
ISBN 978-7-5470-6805-2			
定　　　价：35.00 元			
联系电话：024-23284090			
传　　　真：024-23284448			

常年法律顾问：王 伟　版权所有　侵权必究　举报电话：024-23284090
如有印装质量问题，请与印刷厂联系。联系电话：010-88843286